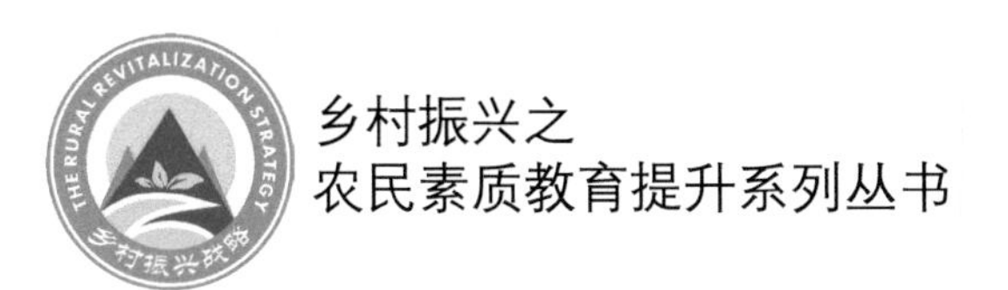

葱姜类蔬菜
栽培技术与病虫害防治图谱

◎ 潜锦贤　尚平染　主编

中国农业科学技术出版社

图书在版编目（CIP）数据

葱姜类蔬菜栽培技术与病虫害防治图谱 / 潜锦贤，尚平染主编 . —北京：中国农业科学技术出版社，2019. 7（2021.11重印）

乡村振兴之农民素质教育提升系列丛书

ISBN 978-7-5116-4122-9

Ⅰ. ①葱… Ⅱ. ①潜… ②尚… Ⅲ. ①葱－蔬菜园艺－图谱 ②洋葱－蔬菜园艺－图谱 ③姜－蔬菜园艺－图谱 Ⅳ. ①S633-64 ②S632.5-64

中国版本图书馆 CIP 数据核字（2019）第 062887 号

责任编辑 姚 欢
责任校对 马广洋

出 版 者 中国农业科学技术出版社
北京市中关村南大街12号 邮编：100081
电　　话 （010）82106631（编辑室）（010）82109702（发行部）
（010）82109709（读者服务部）
传　　真 （010）82106631
网　　址 http: // www.castp.cn
经 销 者 全国各地新华书店
印 刷 者 北京捷迅佳彩印刷有限公司
开　　本 880mm×1 230mm 1/32
印　　张 3
字　　数 80千字
版　　次 2019年7月第1版 2021年11月第4次印刷
定　　价 26.00元

《葱姜类蔬菜栽培技术与病虫害防治图谱》

编委会

主　编　潜锦贤　尚平染

副主编　李玉华　李素巧

　　　　张丽云

编　委　张中芹　王印芹

　　　　李跃华　孙然峰

前言

PREFACE

我国农作物病虫害种类多而复杂。随着全球气候变暖、耕作制度变化、农产品贸易频繁等多种因素的影响，我国农作物病虫害此起彼伏，新的病虫不断传入，田间为害损失逐年加重。许多重大病虫害一旦暴发，不仅对农业生产带来极大损失，而且对食品安全、人身健康、生态环境、产品贸易、经济发展乃至公共安全都有重大影响。因此，增强农业有害生物防控能力并科学有效地控制其发生和为害成为当前非常急迫的工作。

由于病虫防控技术要求高，时效性强，加之目前我国从事农业生产的劳动者，多数不具备病虫害识别能力，因混淆病虫害而错用或误用农药造成防效欠佳、残留超标、污染加重的情况时有发生，迫切需要一部通俗易懂、图文并茂的专业图书，来指导农民科学防控病虫害。鉴于此，我们组织全国各地经验丰富的培训教师编写了一套病虫害防治图谱。

本书为《葱姜类蔬菜栽培技术与病虫害防治图谱》。首先，对姜、大葱和洋葱的栽培技术进行了简单介绍；接着精选了对姜产量和品质影响较大的14种病害，对葱产量和品质影响较大的17种病害以及关于葱姜的13种虫害，以彩色照片配合文字辅助说明的方式从病害（为害）特征、发生规律和防治方法等进行讲解。

本书通俗易懂、图文并茂、科学实用，适合各级农业技术人员和广大农民阅读，也可作为植保科研、教学工作者的参考用书。需要说明的是，书中病虫草害的农药使用量及浓度，可能会因为姜葱类蔬菜的生长区域、品种特点及栽培方式的不同而有一定的区别。在实际使用中，建议以所购买产品的使用说明书为标准。

由于时间仓促，水平有限，书中存在的不足之处，欢迎指正，以便及时修订。

编　者

2019年2月

CONTENTS 目 录

第一章
葱姜类蔬菜栽培技术

一、大葱栽培技术

（一）播种育苗

1. 施肥整地

选3年没种过葱蒜类、土壤疏松、肥力好、中性微碱性地块，每亩[①]施优质农家肥5 000千克，过磷酸钙50～75千克，尿素40千克。深翻耙平，做畦宽13米，长7～10米的平畦。

2. 播种时间

春播大葱可采用冬性强、耐抽薹、抗病、产量高、品质好的品种，用于春播种植，可于3月下旬播种、育苗，6月栽植，10月上旬至11月下旬采收。

① 1亩≈667米^2。全书同

3. 播种方法

每亩大田需用种子100克左右。种子拌适量细砂或细土，均匀撒播床面，覆土或泥灰1～2厘米，以盖没种子为宜，然后床面覆盖稻草或薄膜增温保湿，促进种子发芽。种子萌芽出土后，及时于傍晚揭草或揭膜。当葱苗高达6～10厘米及15～20厘米时，分别进行间苗、拔草，间拔瘦弱苗和过密苗，留苗距2厘米左右。当苗高30～40厘米时，即可安排种植至大田。

（二）合理定植

大葱长至40～50厘米高时定植，如果发现分蘖的植株，应及时抛弃不用，减少经济损失。

1. 定植期

选择定植期应为芒种时（6月上旬）为好，还要考虑葱苗生育期有130天，春播苗比秋播苗小，定植期晚15天左右。

2. 选地整地

定植地块要与育苗地块基本一致，但要注意有利于排水，以防雨季沟积水，上茬地不可翻耕，按照品种要求的种植行距开沟。秋葱开沟深宽为30～35厘米。

3. 施足底肥

每亩用优质肥5 000千克，过磷酸钙50千克，复合肥30～40千克，施入沟内。施肥后深翻20～30厘米，疏松沟内土壤，将肥料混匀，然后耧平。

4. 起苗分级

起苗前2～3天，浇水一次，使土壤保持不干不湿，起苗时不困难，又不沾土。做到随起苗、随分级（把苗子分成1、2级）、随剪须根（留根长3～5厘米），随定植。

5. 栽苗

将苗子分级定植，大小分开栽。栽苗时，深度以不埋心叶，在地面上7～10厘米为宜，因葱秧大小不一，应保持下齐即可（图1-1）。

图1-1　栽苗

6. 密度

高产田每亩栽1.3万～1.6万株。原则是：肥地宜稀，薄地宜密；肥多宜稀，肥少宜密。为了培土方便，可采用放大行距，缩小株距的方法。行距65～80厘米，株距5～8厘米。

（三）栽后管理

1. 缓苗期管理

葱秧定植后，老根很快腐烂，4～5天后萌出新根，新根长出，新叶开始生长。此期为缓苗期。此时正是高温季节，生长极为缓慢，株高、株重开始都有减少。

此期的管理：主要促进根系发生发展，措施是：一是防涝；二是松土。如出现沟内积水1～2天，葱叶发黄，烂根死苗，所以雨后及时排水、中耕。

2. 旺盛期管理

此期正是立秋后，天气凉爽，昼夜温差大，适应大葱生长，植株增高，假茎增长，葱白充实。

此期的管理：主要是追肥、浇水、培土、防治病虫害。

（1）操作程序

从立秋开始，每个节气一次，到秋分共4次追肥、培土、浇水，一体化作业过程。

立秋时，在垄背撒施农家肥2 000千克，同时施入尿素10～15千克，随之锄松垄台，将肥料锄入沟内，接着浇水。

处暑时，再追氮肥（尿素）10～15千克，配合钾肥（硫酸钾10千克）或施入复合肥20千克，将肥料施入行间，中耕后培土，然后顺沟浇水。

白露和秋分时，各再次追肥、培土、浇水，方法同上。

（2）培土的作用

培土能增加植株高度、葱白长度和重量（图1–2）。

培土应注意：要在上午（10点后）露水干、土壤凉爽时进行，否则，容易引起假茎腐烂。第1～2次培土时，因苗生长慢，应浅培土；第3～4次培土时，因苗生长快，应深培土。注意不埋心叶为适度。

浇水应注意：①立秋到白露之间浇水，要在早晚时间，浇水不宜过大。②白露到秋分浇水宜大，要经常保持地面湿润。

③待平均气温降到15℃左右，已是旺盛生长期的下限温度，昼夜温差大，叶片积累的养分大量向叶鞘运转贮存，是产品的主要形成期。此期浇水尤为迫切，需要6～7天浇一水，每次要浇透，两水之间要保持地皮不干。这样水分充足，叶色深，蜡粉厚，葱白洁白有光泽。④刨收前1周停止浇水，以促使组织充实。

图1–2　培土

（四）适时采收

当葱白长度达到25～35厘米、直径达1.2厘米以上时，即可分批采收上市。亩产可达2 500～4 500千克。

二、洋葱栽培技术

（一）培育壮苗

1. 播种期

播种期的选择根据当地的温度、光照和选用品种的熟性而

定。洋葱对温度和光照都比较敏感，因此，秋播对播种期的选择十分重要，既要培育有一定粗壮程度的健壮秧苗，又要防止秧苗冬前生长发育过大，通过春化阶段，到第二年春季出现先期抽薹。漯河地区一般在9月10—20日播种，掌握苗龄50～60天。

2. 苗床准备

苗床应选择地势较高、排灌方便、土壤肥沃、近年来没有种过葱蒜类作物的田块，以中性壤土为宜。

苗床地基肥施量不宜过多，避免秧苗生长过旺，一般每100米^{2}苗床施有机肥300千克，过磷酸钙5～10千克。耕耙2～3次，把基肥和土壤充分掺拌均匀，耕地深度15厘米左右。然后耙平耕细，做成宽1.5～1.6米，长7～10米的畦，即可播种育苗。

3. 播种方法

播种方法一般有条播和撒播两种。

（1）条播

先在苗床畦面上开9～10厘米间距的小沟，沟深1.5～2厘米，播种后用笤帚横扫覆土，再用脚将播种沟的土踩实，随即浇水。

（2）撒播

先在苗床浇足底水，渗透后撒细土一薄层，再撒播种子，然后再覆土1.5厘米。为了加快出苗，可进行浸种催芽：浸种是用凉水浸种12小时，捞出晾干至种子不黏结时播种；催芽是浸种后再放在18～25℃的温度下催芽，每天清洗种子一次，直至露芽时即可播种。

4. 播种量

播种量的多少与秧苗的健壮和先抽薹也有关系，密度太高，秧苗细弱，密度太稀，秧苗生长过粗，容易抽薹。一般每100米^{2}的苗床面积播种子600～700克。苗床面积与栽植大田的比例，一般为1：（15～20）。

5. 苗期管理

播种后一定要保持苗床湿润，防止土面板结影响种子发芽和出苗。要等到幼苗长出第一片真叶后，才可以适当控制浇水。当幼茎长出约4～6厘米，形成弓状，称为“拉弓”；从子叶出土到胚茎伸直，称为“伸腰”。一般在播种前浇足底水的，播种后一般不浇水，到“拉弓”的“伸腰”时再及时浇水，这样才能确保全苗。播种前底水不足或未浇水的，一般在播种后到小苗出土要浇水2～3次。幼苗期结合浇水进行追肥，促进幼苗生长。施肥量每亩氮素化肥10～15千克，或腐熟人粪尿1 000～1 300千克，喷施新高脂膜保肥保墒。幼苗长出1～2片真叶时，要及时除草，并进行间苗，撒播保持苗距3～4厘米，条播3厘米左右。

（二）移栽定植

1. 分级选苗

定植时要选取根系发达、生长健壮，大小均匀的幼苗；淘汰徒长苗、矮化苗、病苗、分枝苗，生长过大过小的苗。并按幼苗的高度和粗度分级，一般分为三级：一级苗高15厘米左右，粗0.8厘米；二级苗高12厘米，粗0.7厘米左右；三级苗高10厘米左右，粗0.6厘米左右。分级后可以把同样大小的苗栽种在一起，以便进行分类管理，促使田间生长一致。

2. 定植密度

洋葱植株直立，合理密植增产效果显著，是洋葱丰产的关键

措施之一。一般行距15～18厘米，株距10～13厘米，每亩可栽植3万株左右。应根据品种、土壤、肥力和幼苗大小来确定定植的密度，一般早熟品种宜密，红皮品种宜稀，土壤肥力差宜密，大苗宜稀。要在保持洋葱个头在一定大小的前提下，栽植到最大的密度。

3. 定植时间

秋季栽植的时间以栽植后能使根系恢复生长，而不使植株生长进行越冬为宜。过早定植，植株开始生长，越冬苗过大，第二年容易发生先期抽薹现象；过迟定植，根系尚未恢复生长，易受冻害。一般以严寒到来之前30～40天定植为宜。河南地区一般定植时间为10月底至11月上旬。

（三）栽后管理

1. 浇水

洋葱定植以后约20天后进入缓苗期，由于定植时气温较低，因此不能大量浇水，浇水过多会降低地温，使幼棵缓苗慢。同时刚定植幼苗新根尚未萌发，又不能缺水。所以，这个阶段对洋葱的浇水次数要多，但每次浇水的数量要少，一般掌握的原则是不使秧苗萎蔫，不使地面干燥，以促进幼苗迅速发根成活。秋栽洋葱秧苗成活后即进入越冬期，要保证定植的洋葱苗安全越冬，就要适时浇越冬水。越冬后返青，进入茎叶生长期，这个阶段对水分的要求，既要浇水，促进生长，又要控制浇水，防止徒长。控制浇水的方法叫“蹲苗”，蹲苗要根据天气情况，土壤性质和定植后生长状况来掌握，一般条件下，蹲苗15天左右。当葱秧苗外叶深绿，蜡质增多，叶肉变厚，心叶颜色变深时，即结束蹲苗开始浇水。以后一般每隔8～9天浇一次水，使土壤见干见湿，达到促进植株生长，防止植株徒长的目的。采收前7～8天要停止浇水。

2. 施肥

洋葱对肥料的要求，每亩需氮13～15千克、磷8～10千克、钾10～12千克。洋葱定植后至缓苗前一般不追肥，越冬后结合浇越冬水，每亩施人粪尿1 000～1 300千克，到春季返青时结合浇返青水，再施一次返青肥。

3. 中耕松土

疏松土壤对洋葱根系的发育和鳞茎的膨大都有利，一般苗期要进行3～4次，结合每次浇水后进行；茎叶生长期进行2～3次，到植株封垄后要停止中耕。中耕深度以3厘米左右为宜，定植处要浅，远离植株的地方要深。

4. 除薹

对于早期抽薹的洋葱，在花球形成前，从花苞的下部剪除，或从花薹尖端分开，从上而下一撕两片，防止开花消耗养分，促使侧芽生长，形成较充实的鳞茎，同时适时喷洒地果壮蒂灵。

（四）适时采收

洋葱采收一般在5月底至6月上旬。当洋葱叶片由下而上逐渐开始变黄，假茎变软并开始倒伏；鳞茎停止膨大，外皮革质，进入休眠阶段，标志着鳞茎已经成熟，就应及时收获。洋葱采收后要在田间晾晒2～3天。如需贮藏的洋葱，当叶片晾晒至七八成干时剪断茎叶，保留3～5厘米茎叶，晾干切口后贮藏。

三、姜栽培技术

（一）培育壮芽

1. 晒姜困姜

于适期播种前20～30天，从贮藏窖内取出姜种，用清水洗去姜块上的泥土，平铺在草席或干净的地上晾晒1～2天（图1-3），傍晚收进室内，以防夜间受冻。晒种主要具有下列作用。

第一，提高姜块温度，促进内部养分分解，从而加快发芽速度。

一般姜窖内的温度为13～14℃，生姜在此温度条件下，基本处于休眠状态，经晒姜后，种姜体温明显提高。据测定，在室温22℃条件下，堆放室内而未经晾晒的姜块表面温度为21℃，内部温度为20℃。在阳光下晾晒的姜块表面温度为29.5℃，内部温度为28℃。

第二，减少姜块水分，防止姜块腐烂。

由于贮姜窖内空气湿度大，姜块含水量极高，经适当晾晒后，可降低姜块水分尤其是自由水含量，防止催芽过程中发生霉烂。

第三，有利于选择健康无病姜种。

带病姜块未经晾晒时，病症不甚明显，经晾晒之后，则往往表现为干瘪皱缩，色泽灰暗，病症十分明显，因而便于淘汰病姜。

姜种晾晒1～2天后，即将其置于室内堆放2～3天，姜堆上覆以草帘，促进养分分解，称“困姜”。一般经2～3次晒姜、困姜，便可开始催芽了。

图1-3　晒姜

2. 选种

在2月下旬或3月上旬把姜种取出来。先拿到太阳下晒5～6个小时，然后选择比较肥壮，已有细芽尖露出来的种姜。种姜芽尖要多，用手触摸要有像锯齿挂手的感觉。剔除烂蔸和烂茎的病虫害姜。

3. 催芽

生姜经过晒、选后进行催芽（图1-4）。方法是：在室内两边各打两根柱子，用条木扎成坚实的像火炕一样，宽度根据催芽种姜多少而定，但支架必须比地面高2～2.5米。下面加温的火不能太大，一般以出烟不出明火为好，以免对姜造成损伤。

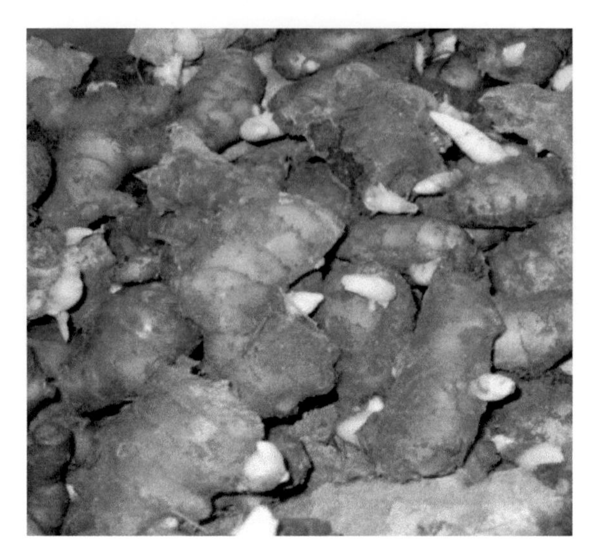

图1–4　催芽

（二）合理密植

种姜在经过一段时间的加温催芽处理后芽尖会很快长大，到4月后，把种姜取下来，选择大而圆的芽头，把块茎用手掰开，一块块茎只留顶端健壮的一个芽尖。如果顶端没有芽尖，侧芽也可，但其余的必须全部剥去。如果出芽率好，一般每100千克种姜可分2 000棵左右，栽培种姜要选择稍有倾斜的山坡地，土质要比较良好，如果在平原地栽培，必须排灌都很方便。

栽培时，先把地整好，并打好姜沟（图1–5）。生姜种植的密度多大，应视种植地块的肥力、水肥条件、种姜块的大小而定。土壤肥力高，肥水条件好的地块，且种姜块在60～80克，行株距为0.65米×0.2米，即亩植5 000株左右；土壤肥力和肥水条件中等的地块，种姜块在50克左右，行株距为0.6米×0.18米，即亩植6 000株左右。

栽培时，要先把块茎放稳，芽头紧贴土面，不能上翘，然后用手抓一把各种肥料沤制的草木灰丢在芽头的旁边，再用有机肥盖住，这样一行行地种下去。基肥一定要施足，开挖的行沟必须达到30厘米深。

图1–5　打姜沟

（三）栽后管理

1. 施足底肥，多次追肥

生姜需肥特性，对钾肥需求量大，对磷肥需求量较小，前期生长较缓慢，植株矮小，需肥不多，中后期生长旺盛，需肥量大。

据测土配方确定施肥方法及数量：耕地之前根据科学取土方法取土化验，检测出的pH值、有机质、氮、磷、钾含量，换算碳、氮比，根据大姜需肥特性制定出施肥配方。生姜较耐肥，并且生长期长，应采取施足基肥，多次追肥的原则。每亩施猪牛粪1 500～2 500千克，钾肥10～15千克作基肥。

追肥应勤施薄施，由淡到浓。苗高15厘米时施一次薄肥，苗高30厘米追第二次肥。以后每隔20天左右施一次追肥。苗期以氮肥为主，根茎膨大期应多施钾肥。

2. 水分管理

（1）发芽期底水要浇透，初水要适时。通常直到出苗达70%左右时才开始浇第一水，浇第一水后2～3天，紧接着浇第二水，然后中耕保墒，可使姜苗生长健壮。

（2）幼苗期小水勤浇，及时划锄，破除土壤板结，暴雨过后，及时清沟沥水，做到雨过水干，防止姜田发生渍害。

（3）旺盛生长期大水勤浇，宜在早晚，保持适度，防止积水。立秋之后，地上大量发生分枝和新叶，地下部根茎迅速膨大，植株生长快，生长量大，需水较多，一般每4～6天浇大水一次，保持土壤相对湿度在75%～85%，有利于生长。收获前3～4天再浇一水，以便收获时姜块上带潮湿泥土，有利于下窖贮藏。

3. 中耕培土

生姜根系浅，只宜浅耕，防伤根诱发病害。除草、培土同步进行。土层疏松的可以免耕，但要培土，防止姜块露出地面。

第一次培土在生姜有3～5个分枝，且根茎未露出地表时进行。一般在6月下旬，培土约2厘米厚，不能太厚，或者影响根系的透气性，造成生姜新芽生长受阻，分枝减少，根茎生长缓慢。

第二次培土应在第一次小培土后约20天以后进行，厚度2～3厘米，此次培土也不能太厚。

第三次培土为大培土，在第二次培土后15～20天进行，也就是在大暑前后，厚度7～8厘米为宜，将原来的垄变成沟，原来的沟变成垄，群众称“倒姜沟”。以后若发现有姜芽露出也应及时培土，保证姜块正常生长。

4. 适时遮阴，促进生长

生姜属耐阴作物，阳光直射影响幼苗生长，播种后采用遮阳网或人工荫棚的方式遮阳（图1–6），处暑后拆棚。采用遮阳网方式遮阳，应在生姜种植前，按蔬菜简易大拱棚的结构打好木桩（或水泥桩），中间最高处2米左右，两侧稍矮些（这样的高度既不影响透风，又不妨碍后期网下作业），将几幅遮阳网按地宽缝接在一起，以4～5幅为宜。生姜播种后，便把遮阳网固定在木桩上面。在生姜整个生育期用碧护喷施叶面，每隔10天一次，连续3次，促长防病。

图1–6　遮阳棚

（四）适时采收

生姜的采收可以分别为收种姜、收嫩姜、收鲜姜三种形式。

1. 种姜采收技巧

种姜可与鲜姜一起采收（图1-7），也可提前在幼苗后期采收。提前采收的具体做法是顺着生姜摆种方向，用箭头形竹片或窄形铲刀将土层扒开，露出种姜后，左手压住姜苗不动，右手用铲刀轻轻铲出种姜，并将种姜与新姜块相连处切断，然后及时覆土封沟。若种姜在幼苗后期采收，采收后要浇1次小水稳苗，保护根系生长。

图1-7　生姜采收

2. 嫩姜采收技巧

嫩姜要在姜株旺盛生长期采收，这时姜块组织柔嫩，纤维含量少，辛辣味较淡，适宜腌渍或糖渍，不过收获嫩姜的产量较低。

3. 鲜姜采收技巧

鲜姜要在姜株的根茎组织充分成熟后采收，一般在10月中下旬初霜来临前进行，以免着霜受冻。一般收获后的鲜姜要带有少量潮湿泥土，不用晾晒直接入窖贮藏。

第二章
葱类蔬菜主要病害防治

一、葱疫病

1. 病害特征

葱疫病是葱常见的病害之一，各菜区普遍发生，主要为害大葱、细香葱、洋葱和韭菜等葱蒜类蔬菜。主要为害叶片和花梗。发病初期病斑暗绿色，水浸状；扩大后为灰白色病斑，周缘不明显。叶片和花梗病部失水后缢缩变细，叶片枯萎，病部以上易折倒（图2-1）。发病严重时，田间一片枯白（图2-2）。

2. 发病规律

此病由烟草疫霉菌、葱疫霉侵染引起。病菌适宜高温高湿的环境，适宜发病的温度为12～36℃，空气相对湿度在90%以上，易感病生育期为成株期至采收期。常年连作、低洼积水或栽培上种植密度过高、植株嫩弱徒长、施用氮肥过多的田块发病重。年度间梅雨期长、梅雨量多的年份发病重。

图2-1　葱疫病症状

图2-2　葱疫病大田症状

3. 防治方法

（1）彻底清除病残体，减少田间菌源；与非葱、蒜类蔬菜实行2年以上轮作。

（2）选择排水良好的地块栽植。南方采用高厢深沟，北方采用高畦或垄作。雨后及时排水，做到合理密植，通风良好。采用配方施肥，增强寄主抗病力。

（3）发病初期，喷洒75%丙森锌·霜脲氰水分散粒剂700倍液，或500克/升氟啶胺悬浮剂1 500倍液，或52.5%恶酮·霜脲氰水分散粒剂1 500倍液，或687.5克/升氟菌·霜霉威悬浮剂600～800倍液，或60%锰锌·氟吗啉可湿性粉剂700倍液，或66.8%丙森·缬霉威可湿性粉剂700倍液，间隔7～10天喷1次，连续防治2～3次。

二、葱锈病

1. 病害特征

葱锈病是葱常见的病害之一，各菜区普遍发生，可侵染露地栽培大葱、香葱、洋葱、大蒜等蔬菜。主要为害叶、花梗及绿色茎部。叶片、花梗染病，发病初期表皮上产生椭圆形病斑，病斑中间呈灰白色（图2-3），四周具浅黄色晕环，后形成稍隆起的橙黄色疱斑（图2-4），接着表皮破裂向外翻，散出橙黄色粉末。秋后疱斑变为黑褐色，破裂时散出暗褐色粉末，病情严重时，病斑布满整个叶片，病叶呈黄白色枯死（图2-5）。

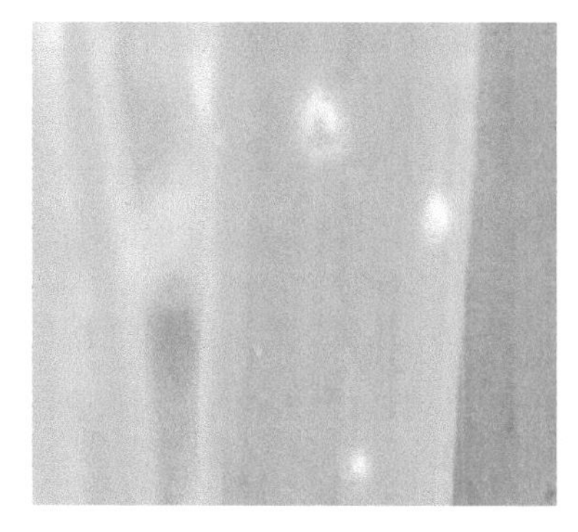

图2-3　葱锈病叶片初期症状

图2-4　葱锈病叶片后期症状

图2-5　病叶呈黄白色枯死症状

2. 发病规律

此病由真菌担子菌亚门葱柄锈菌侵染引起。南方以橙黄色的粉末（夏孢子）在葱、蒜或韭菜上辗转为害，或在活体上过冬；但在寒冷地区以冬孢子在病残体上越冬。翌年夏孢子随气流传播进行初侵染和再次侵染。当夏孢飘落在葱叶上以后，夏孢子即萌发后从寄主气孔或表皮侵入。

病菌喜较低温度、潮湿的环境，发病最适宜的气候条件为温度10～20℃，空气相对湿度90%以上。浙江及长江中下游地区大葱锈病的主要发病盛期为春季节3—4月；秋季10—12月。葱锈病感病生育期在成株期。一般在早春低温、多雨或梅雨期间多雨或秋季多雾、多雨的年份发病重。

3. 防治方法

（1）科学施肥。施足有机肥，增施磷钾肥提高抗病力，避免偏施氮肥。

（2）轮作。和非葱、蒜类作物进行2年以上轮作。

（3）清洁田园。及时清除病残体，并带出田间集中销毁。

（4）药剂防治。在发病初期开始喷药保护。药剂可选用40%福星乳油5 000～6 000倍液，或10%世高水分散粒剂1 500倍液，或15%三唑酮可湿性粉剂1 500倍液，或70%品润干悬浮剂600～800倍液，或25%敌力脱乳油3 000倍液，或75%灭锈胺可湿性粉剂1 000倍液等，喷雾防治。每隔7～10天喷1次，连用2～3次，具体视病情发展而定。

三、葱干腐病

1. 病害特征

地上部出现症状时，往往地下部已染病而腐烂。洋葱、大葱各生育期植株各个部位，根、茎、叶、鳞茎基盘均可受害，地上部首先出现叶片退绿黄化致植株萎蔫，叶尖坏死，后向下扩展造成根部产生黄褐色至粉红色腐烂。典型症状是根、茎交界处鳞茎基盘的组织腐烂，根部、鳞茎分离，有时产生白色至粉红色霉层（图2-6）。储藏期染病也会产生干腐。

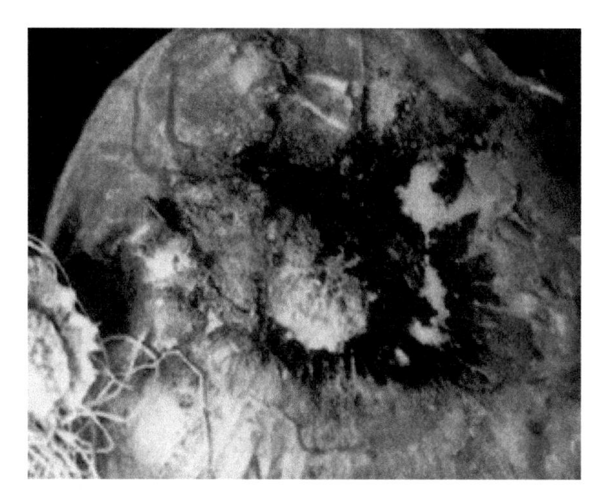

图2-6　葱干腐病症状

2. 发病规律

病菌以厚垣孢子留在土壤中越冬，翌春条件适宜产生分生孢子，借雨水、灌溉水、地蛆、线虫等传播，从伤口侵入，在病斑上产生分生孢子进行再侵染。施肥不当或氮肥过多、土壤过湿及洋葱生长后期遇高温多雨易发病，地蛆为害严重或大水漫灌、田间积水或低洼地块发病重。

3. 防治方法

（1）葱、蒜类蔬菜可与茄科蔬菜进行4年以上轮作。

（2）选用抗病品种。

（3）及时清洁田园。前茬收获后及时清除病残体，集中烧毁或深埋，也可用威百亩对土壤进行消毒。

（4）加强管理。深翻土壤，科学施肥，雨后及时排水，杜绝大水漫灌，注意适时防治地蛆。

（5）储运时控制温度在0～4℃，相对湿度65%左右，注意剔除有病的葱头，减少干腐病发生。

（6）种子处理。用40%福美双可湿性粉剂拌种，用药量为种子重量的0.2%～0.4%，也可用50%多菌灵可湿性粉剂500倍液浸种2小时。

（7）苗床及田间土壤处理。种植前用50%多菌灵可湿性粉剂500倍液浇施土壤进行消毒，以5～10厘米表土浇湿，然后再种植，以后每月1次效果好。生长期发现病株及时喷洒50%甲基硫菌灵可湿性粉剂800倍液或50%灭蝇胺可湿性粉剂1 500倍液灭虫均有良效。

（8）提倡喷施已商品化的哈茨木霉生防菌，每千克种子用生防菌8克，包被种子表面，不但减少发病率，而且促进洋葱、大葱等增产。

四、葱白腐病

1. 病害特征

葱白腐病又称大葱、洋葱黑腐小核菌病。初发病时叶片从顶尖开始向下变黄后枯死，幼株发病通常枯萎，成熟的植株数周后衰弱、枯萎。湿度大时，葱头和不定根上长出许多茸毛状白色菌丝体，后菌丝减退而露出黑色球形菌核（图2-7）。根或鳞茎在田间即腐烂，呈水浸状。储藏期鳞茎可继续腐烂。

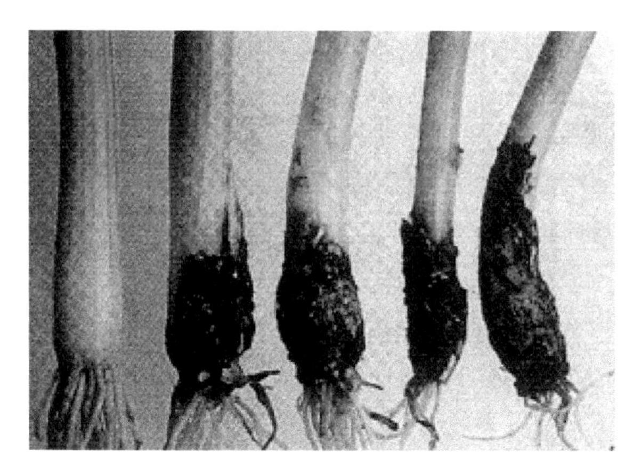

图2–7　大葱病根症状

2. 发病规律

病原为白腐小核菌，属真菌界子囊菌门小核菌属。病菌以菌核在土壤中或病残体上存活越冬。遇根分泌物刺激萌发，长出菌丝侵染植株的根或茎。其营养菌丝在无寄主的土中不能存活，在株间辗转传播。侵染和扩展的最适温度为15～20℃，在5～10℃或高于25℃时病害扩展减缓。此外，土壤含水量对菌核的萌发有较大影响。一般在春末夏初多雨季节病势扩展快，夏季高温不利该病扩展。长期连作，排水不良，土壤肥力不足发病重。

3. 防治方法

选用无病葱苗，控制种苗传病；收获后彻底清洁田园，并进行深耕轮作，重病区至少要进行3～5年轮作；及时拔除病株，并用石灰或草木灰消毒土壤；发病初期及时喷药，药剂防治可用70%甲基硫菌灵1 000～1 500倍液，或25%多菌灵250倍液，或40%菌核净1 000～1 500倍液喷洒。或每亩用130克70%氯硝基苯粉，混细土13千克撒于根部。

五、葱枯萎病

1. 病害特征

苗期至定植后15～60天易发病。苗期染病，呈立枯状。稍后发病时，茎盘侧根变褐向一侧弯曲（图2-8）。定植后2～4周发病时，病株地上部的下叶弯曲、黄化、萎蔫，地下叶鞘侧部腐烂。纵向剖开，可见茎盘已变褐。茎盘外侧有1～2片鳞片褐变，上现白色霉层，白色霉层从根盘向四周扩展，病株易拔出。储藏期架藏的洋葱也发病，根盘变成灰褐色，鳞片基部呈灰褐色至浅黄色水渍状或干腐状腐烂，最后病鳞茎只剩下2～3片外皮也腐烂。

图2-8　葱枯萎病症状

2. 发病规律

病菌腐生能力很强，病残体分解以后，病菌仍可在土壤中存活5年左右，种子也可带菌。病菌从根部伤口或根部尖端细胞侵入。日平均气温上升到24～28℃时发病较重。空气相对湿度80%以上，特别是土壤含水量高时病害发展迅速。低洼地、肥料不足，又缺磷、钾肥，土质黏重，土壤偏酸和施未腐熟肥料时发病重。

3. 防治方法

（1）实行轮作。测定土壤pH值，如土壤偏酸时，可通过施入适量生石灰，把土壤pH值调到6.5～7。

（2）选用对枯萎病抗性强的品种。

（3）育苗及栽植后要加强管理，避免过度干燥及高湿。

（4）发病重的地区喷淋70%恶霉灵可湿性粉剂1 500倍液，或50%氯溴异氰尿酸可溶性粉剂1 000倍液。

六、葱软腐病

1. 病害特征

田间鳞茎膨大期，在1～2片外叶的下部产生半透明灰白色斑，叶鞘基部软化腐败（图2-9，图2-10），致外叶倒折，病斑向下扩展。鳞茎部染病，初呈水浸状，后内部开始腐烂（图2-11，图2-12），散发出恶臭。

图2-9　叶鞘基部软化腐败

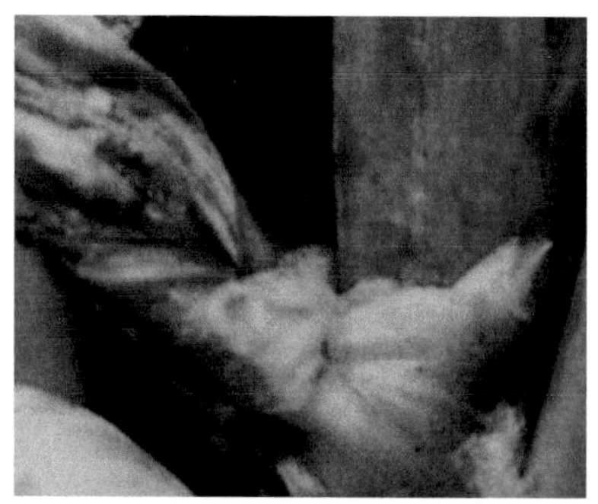

图2-10　心叶基部软化腐败

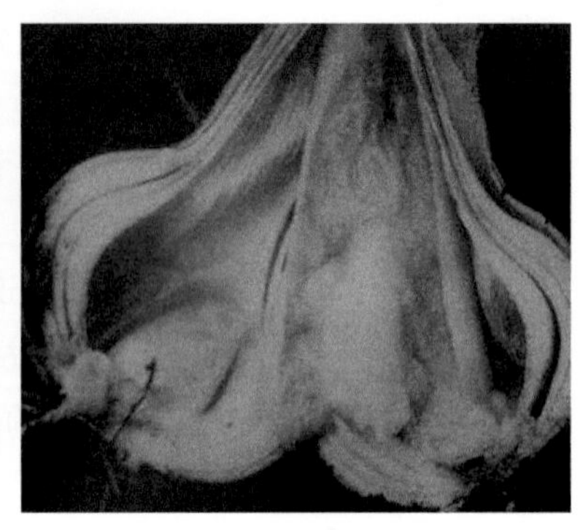

图2-11 大葱地下茎部腐烂

图2-12 洋葱内部腐烂

2. 发病规律

葱软腐病是一种病原细菌引起的，病原在病组织中越冬，翌春经风雨，灌溉水及带菌土壤、肥料、昆虫等多种途径传播，从伤口或气孔、皮孔侵入，氮肥过多的田块和生长旺盛或虫伤的植株发病往往较重。高温高湿、机械伤、虫口伤容易引起病害流行。此病菌深入内部组织引起发病，通常大雨过后或连续阴雨天气，发病重；低洼连作地植株徒长，排不水良，病菌积累多，发病重；土壤板结易发病。

3. 防治方法

（1）选择中性土壤育苗，培育壮苗。适期早栽，勤中耕，浅浇水，防止氮肥过多。

（2）及时防治葱蓟马、葱蛾或地蛆等。

（3）发病初期，喷洒27%碱式硫酸铜悬浮剂500倍液，或20%噻菌铜悬浮剂500倍液，或3%中生菌素可湿性粉剂500倍液，或72%硫酸链霉素可溶性粉剂2 000倍液，或20%噻森铜悬浮剂400倍液，视病情间隔7～10天喷1次，防治1～2次。

七、葱霜霉病

1. 病害特征

葱霜霉病是葱常见的病害之一，南方以洋葱为主，北方则以大葱为主。主要为害叶、花梗，有时发展到鳞茎。叶片染病，初在叶上产生黄白色或乳黄色的病斑（图2-13），呈纺锤形或椭圆形，其上产生白霉，后变暗紫色，若在叶的中下部感病，则在感病部的上部叶片干枯死亡（图2-14）。花梗染病，初呈黄白色纺锤形或椭圆形病斑，湿度大时病部能长出大量白霉，严重时花梗病部软化易折断。葱的基部感染，能使病株矮缩，叶畸形或扭曲，湿度大时病部能长出大量白霉。

图2-13　葱霜霉病叶片病斑

图2-14　葱霜霉病上部叶片干枯

2. 发病规律

此病由葱霜霉菌侵染引起。病菌喜温暖、高湿环境，发病最适宜的环境条件为温度13～25℃，空气相对湿度90%以上。浙江及长江中下游地区葱霜霉病的主要发病盛期为春季3—5月，秋季9—11月。葱霜霉病感病生育期为成株期至采收期。地势低洼、排水不良、土质黏重、过度密植或连作的田块发病重。早春、梅雨

期间及秋季雨水多的年份发病重。

3. 防治方法

（1）选用抗病品种：如洋葱，红皮品种抗病，其次为黄皮，而白皮品种感病。

（2）选种与种子处理：从无病田或无病株上采种，或用50℃温水浸种25分钟，在冷水中冷却后播种或用种子重量0.3%的25%瑞毒霉拌种。

（3）科学选地：选择地势高燥或排水方便的地块种植，并与非葱类植物实行2～3年轮作。

（4）清洁田园：及时清理病株、病叶，并要求带出田间集中销毁。

（5）药剂防治：在发病初期开始喷药保护。药剂可选用72%克露可湿性粉剂600倍液，或64%杀毒矾可湿性粉剂600倍液，或72.2%普力克水剂700倍液，或68%金雷水分散粒剂600～800倍液，或50%安克可湿性粉剂1 500～2 000倍液，或70%品润干悬浮剂600～800倍液等，喷雾防治。每间隔7～10天喷1次，连用2～3次，具体视病情发展而定。

八、葱灰霉病

1. 病害特征

灰霉病是近年来为害大葱常见的病害之一，主要为害叶片和花薹，严重影响产量。大葱叶片发病有三种主要症状：白点型、干尖型和湿腐型。

（1）白点型。该类型最为常见，该病仅侵害大葱叶片。发病初期叶片生出白色斑点（图2-15，图2-16）由叶尖向下发展逐渐成片使葱叶枯死。湿度大时，在枯叶上生出大量灰霉。

（2）干尖型。病叶的叶尖，初呈水渍状，后变为淡绿色至灰褐色，后期也有灰色霉层直至变干（图2-17）。

（3）湿腐型。叶片呈水渍状，病斑似水烫一样微显失绿，病斑上或病健交界处密生有绿色绒霉状物（图2-18），严重时有恶腥味、变褐腐烂。

图2-15　嫩叶出现白色斑点

图2-16　老叶出现白色斑点

图2-17　干尖型为害状

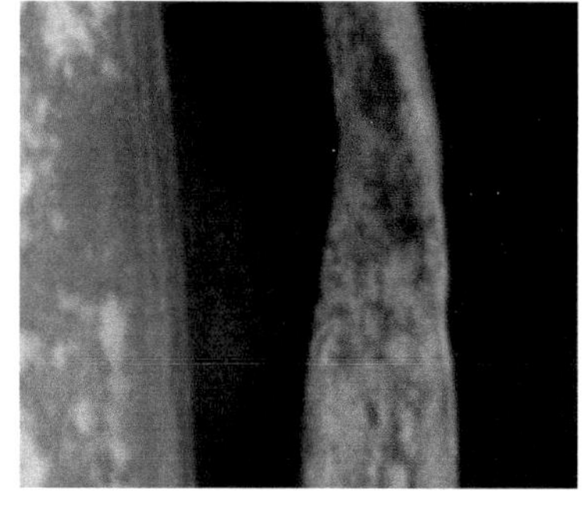
图2-18　湿腐型为害状

2. 发病规律

病原菌随发病大葱、洋葱越冬或越夏，也可以菌丝体或菌核在田间病残体上或土壤中越冬或越夏，成为侵染下一季寄主的主要菌源。冷凉、高湿有利于灰霉病的发生。气温15～21℃、相对湿度高于80%很易流行成灾。菌核和病株带菌残屑多混杂在种子里，随种子调运传播，生长季节病株产生的分生孢子借气流、雨水、灌溉水及农事操作传播，进行多次再侵染。大葱秋苗期即可被侵染，冬季病情发展很慢，春季温湿度适宜时再度扩展或达高峰。河南4—5月雨天多少、持续时间长短是决定能否大流行的关键所在。

3. 防治方法

（1）清洁田园，轮作、及时清除病残体。

（2）选用抗病品种。如掖辅1号、新葱2号、铁杆大葱、日本元藏、元宝等抗灰霉病品种。

（3）合理施肥，控制浇水。

（4）合理密植，行株距50厘米×3厘米。

（5）发病初期，喷洒50%啶酰菌胺水分散粒剂1 500倍液，或50%乙烯菌核利水分散粒剂600倍液，或50%嘧菌环胺水分散粒剂800倍液。

九、葱炭疽病

1. 病害特征

主要为害叶、花茎和鳞茎。叶初生近纺锤形，不规则淡灰褐色至褐色病斑（图2-19），上生许多小黑点，严重的上部叶片枯死（图2-20）。鳞茎染病，外层鳞片生出圆形暗绿色或黑色斑纹，扩大后连片，病斑上散生黑色小粒点，即病菌分生孢子盘。

2. 发病规律

以子座或分生孢子盘或菌丝随病残体在土壤中染病的鳞茎上越冬。翌年分生孢子盘产生分生孢子，靠雨水飞溅传播蔓延。

10～32℃均可发病，26℃最适。该菌产出分生孢子要求高湿条件。因此，多雨年份，尤其是鳞茎生长期遇阴雨连绵或排水不良、低洼地发病重。

图2-19　褐色病斑

图2-20　叶片枯死

3. 防治方法

（1）收获后及时清洁田园；提倡施用有机活性肥或生物有机复合肥。

（2）与非葱类作物实行2年以上轮作。

（3）种植抗病品种。

（4）发病初期，喷洒32.5%苯甲・嘧菌酯悬浮剂1 500倍液，或250克/升嘧菌酯悬浮剂1 000倍液，或450克/升咪鲜胺乳油2 000倍液，或70%丙森锌水分散粒剂550倍液，间隔10天喷1次，防治1～2次。

十、葱紫斑病

1. 病害特征

葱紫斑病主要侵害叶片和花梗，多从叶尖和花梗中部发病，偶可为害鳞茎。发病初期，呈水渍状白色小点，病斑小，略凹陷，后病斑逐渐扩大，变为淡褐色圆形或纺锤形稍凹陷斑，继续扩大呈褐色或暗紫色（图2-21，图2-22）。

湿度大时病部长满深褐色或黑灰色霉粉状物，常排列成同心轮纹状。病斑继续扩展，数个病斑交接形成长条形大斑，使叶片和花梗枯死或折断（图2-23，图2-24）。花梗受害后，常造成种子皱缩，不能充分成熟而影响采种。

图2-21　大葱紫斑病前期症状

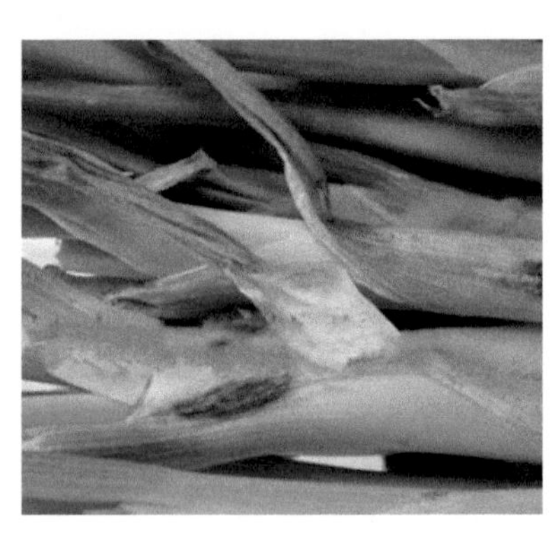
图2-22　洋葱紫斑病前期症状

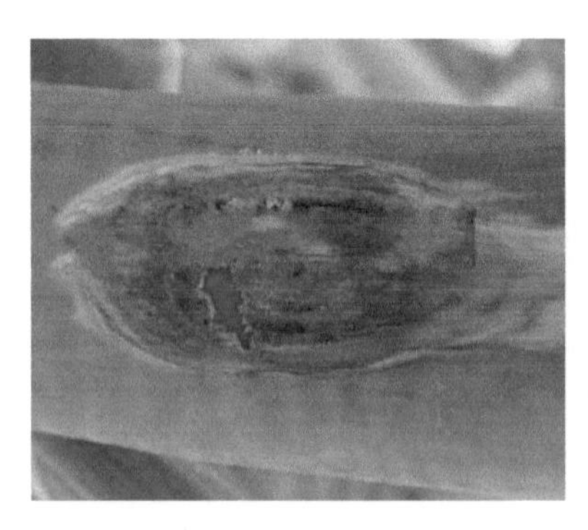
图2-23　大葱紫斑病后期症状

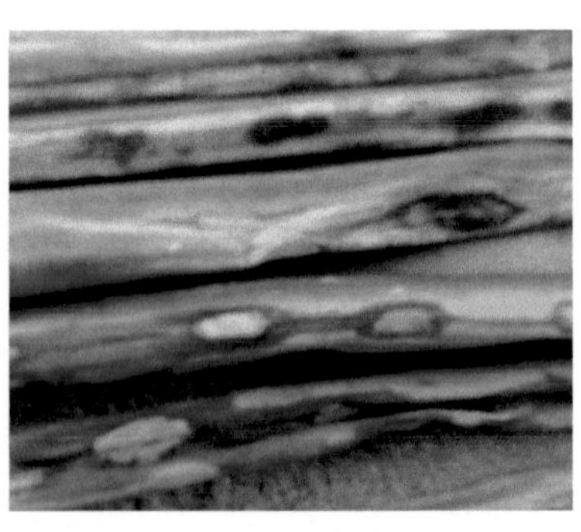
图2-24　洋葱紫斑病后期症状

2. 发病规律

病害在温暖多湿的条件下易发生，雨水多、结露时间长则流行加速，发病重；连作地、排水不良的田块发病较早较重；播种过早、种植过密、管理粗放、通风透光差、缺肥、葱蓟马为害重的田块发病也重。

3. 防治方法

（1）实行轮作。要与非百合科类作物实行2～3年轮作。选用无病种子，做好种子消毒。

（2）加强田间管理。选择地势平坦、排水方便的壤土种植。经常检查病害发生、发展情况，及时拔除病株或摘除老叶、病叶、病花梗，并将其深埋或烧毁，收获后及时清除病残体并深耕。

（3）化学防治。发病初期，选用70%代森锰锌可湿性粉剂500倍液，或75%百菌清可湿性粉剂600倍液，或64%杀毒矾可湿性粉剂500倍液，或72%霜脲·锰锌可湿性粉剂800倍液，或58%瑞毒·锰锌可湿性粉剂500倍液，或70%丙森锌可湿性粉剂600倍液等喷雾或灌根。

十一、葱链格孢叶斑病

1. 病害特征

叶上病斑长椭圆形，褐色至暗褐色（图2-25），有时与匍柄霉混生，病斑表面生暗褐色霉层。

2. 发病规律

病原为葱链格孢，属真菌界子囊菌门无性型链格孢属。为害

大葱、洋葱、大蒜、韭菜等。温暖地区靠分生孢子辗转传播进行为害；北方则以菌丝体在葱上或病残体上或土壤里越冬。翌春产生分生孢子，借气流传播进行初侵染和多次再侵染。

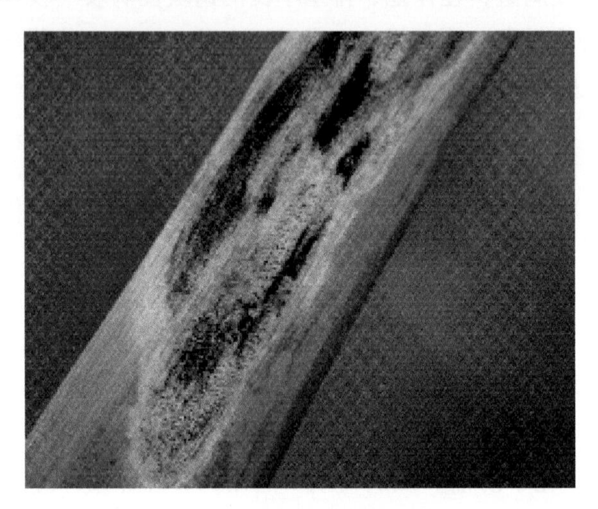

图2-25　葱链格孢叶斑病症状

3. 防治方法

（1）选用抗病品种。

（2）种子用50%异菌脲1 000倍液浸种6小时，带药液直播。

（3）发病初期，喷洒50%异菌脲可湿性粉剂1 000倍液，或75%百菌清可湿性粉剂700倍液，或50%葱姜蒜三元杀菌王可湿性粉剂2 000倍液，间隔10天喷1次，防治2～3次。

十二、葱苗期立枯病

1. 病害特征

多发生在发芽之后半个月之内。1～2叶期幼苗近地面的部位软化、凹陷缢缩，白色至浅黄色，病株枯死（图2-26）。严重的幼苗成片倒伏而死亡。湿度大时，病部及附近地面长出稀疏的蛛丝状褐色菌丝，即病原菌菌丝体。

图2-26　葱苗期立枯病症状

2. 发病规律

病原菌可以在土壤中和病残体中越冬或越夏，可随雨水、灌溉水、农机具、土壤和带菌有机肥传播蔓延。病原菌在土壤中可以存活2～3年，在适宜的条件下直接侵入幼苗。土壤带菌多，湿度高，幼苗徒长时发病重。苗床过低、湿度过高，种植过密，通风不良，光照不足均有利于病害的发生。

3. 防治方法

（1）加强管理。秋葱在芒种定植最好，葱苗130天苗龄才行。每亩施用优质肥5 000千克、过磷酸钙50千克、复合肥

30～40千克，施入沟内深翻20～30厘米。定植深度7～10厘米。每亩栽1.3万～1.6万株，行距65～80厘米，株距5～8厘米。

（2）种子消毒。用0.2%高锰酸钾溶液浸种25分钟后用清水冲净。

（3）苗床每100米^{2}用多宁200克均匀拌土撒施防止苗床带菌。出苗后发病初期，喷洒72.2%霜霉威水剂600倍液，或70%恶霉灵可湿性粉剂，或1%申嗪霉素水剂800倍液喷淋根部，间隔7天喷1次，连喷2次。

十三、葱小粒菌核病

1. 病害特征

主要为害叶片和花梗。初时仅叶或花梗先端变色，逐渐向下扩展，致葱株局部或全部枯死，仅残留新叶。剥开病叶，里面产生白色棉絮状气生菌丝，病部表皮下散生黄褐色或黑色小菌核（图2-27，图2-28），直径0.5～7毫米。

图2-27　大葱上的小菌核

图2-28　洋葱上的小菌核

2. 发病规律

病原为葱叶杯菌和大蒜核盘菌，均属真菌界子囊菌门核盘菌属。以菌核随病残体在土壤中越冬。春、秋两季形成子囊盘，产生子囊孢子。子囊孢子借气流弹射传播或直接产生菌丝进行传播蔓延。气温14℃、高湿或雨季易发病。

3. 防治方法

（1）收获后及时清除病残体，集中深埋或烧毁。

（2）与非葱类作物实行2～3年轮作。

（3）雨后及时排水、降低湿度。

（4）发病初期，喷洒450克/升咪鲜胺乳油3 000倍液，或40%嘧霉胺悬浮剂1 000倍液，或50%异菌脲可湿性粉剂1 000倍液，或5%井冈霉素水剂500～1 000倍液，间隔7～10天喷1次，连续防治2～3次。

十四、葱枝孢叶枯病

1. 病害特征

葱枝孢叶枯病又称褐斑病。主要为害叶片。发生在洋葱生长中后期，初在叶片上生苍白色小点，后扩展成近椭圆形至梭状斑，中间枯黄色，边缘红褐色，外围具黄白色晕，向上下扩展，向上扩展很快，造成叶尖扭曲干枯（图2-29）。湿度大时病斑中央生长深榄褐色茸毛状霉层，即病原菌的分生孢子梗和分生孢子。气候干燥时霉点不明显。大流行时或雨后霉丛密密麻麻分布在枯黄的葱叶上，病斑融合时致叶片迅速干枯，别于链格孢叶斑病稀疏的黑霉。

图2–29　叶片症状

2. 发病规律

病菌以病残体上的休眠菌丝和分生孢子在干燥的地方越冬或越夏，播种时随肥料进入田间成为初侵染源。也可在高海拔地区生长着的大蒜、大葱、洋葱植株上越夏，随风传播，从气孔侵入，在维管束四周扩展，发病后又产生分生孢子进行再侵染。该菌生长和孢子萌发温限0～30℃，10～20℃最快，孢子萌发对湿度要求高于90%，空气相对湿度达100%或有水滴萌发最好。洋葱生长不良、雨日多持续时间长或时晴时雨易发病。

3. 防治方法

（1）收获后特别注意剔除病落叶，直到全部烧毁。施用的有机肥或堆肥要求充分腐熟，最好选用氮、磷、钾全效性有机肥或有机活性肥，适时追肥，提高洋葱抗病力。

（2）选用抗病良种，合理密植，雨后及时排水，防止湿气过大，浇水安排在上午，防止叶上结露，及时锄草。

（3）发病初期，喷洒60%多菌灵盐酸盐可湿性粉剂600倍液，或25%戊唑醇水乳剂3 000倍液，或40%氟硅唑乳油5 000倍液，或10%苯醚甲环唑微乳剂1 500倍液，或77%氢氧化铜可湿性粉剂700倍液，间隔10天左右喷1次，防治1～3次。

十五、葱黑粉病

1. 病害特征

洋葱黑粉病主要发生在2～3叶期的小苗上。染病葱苗长到17厘米高时，叶初微黄，1～2叶萎缩扭曲（图2-30），叶和鳞茎上产生稍隆起的银灰色条斑，严重的条斑变为疱状、肿瘤状，表皮开裂后散出黑褐色粉末（图2-31），即病原菌的孢子团。病株生长缓慢，发病早的多全部枯死。

图2-30 大葱病叶萎缩扭曲

图2-31 大葱病叶黑褐色粉末

2. 发病规律

病原为洋葱条黑粉菌，属真菌界担子菌门条黑粉菌属。病菌以附着在病残体上或散落在土壤中的厚垣孢子越冬，成为该病的初侵染源。种子发芽后20天内，病菌从子叶基部等处的幼嫩组织侵入，经一段时间潜育即显症，以后病部产生的厚垣孢子借风雨或灌溉水传播蔓延。播种后气温10～25℃可发病，最适发病温度18～20℃，高于29℃则不发病。播种过深、发芽出土迟、与病菌接触时间长或土壤湿度大发病重。由于该病是系统侵染，田间健株仍保持无病，当叶长到10～20厘米后，一般不再发病。

3. 防治方法

（1）选择没有栽植过葱类的地块育苗，以防葱苗带菌。

（2）葱苗长到15厘米，病菌停止侵染，选无病苗栽植。

（3）施用酵素菌沤制的堆肥。

（4）重病区或重病地应与非葱类作物进行2～3年轮作。

（5）对带菌种子可用种子重量0.2%的50%福美双或40%拌种双粉剂拌种。

（6）发现病株及时拔除，集中烧毁，并注意把手洗净，工具应消毒，以防人为传播，病穴撒1∶2石灰硫黄混合粉消毒，每亩用量10千克，也可把50%福美双1千克对细干土80～100千克，充分拌匀后撒施消毒。

十六、葱黄矮病

1. 病害特征

大葱染病，叶生长受抑，叶片扭曲变细，致叶面凹凸不平，叶尖逐渐黄化，有时产出长短不一的黄绿色斑驳或黄色长条斑。葱管扭曲，生长停滞，蜡质减少，叶下垂变黄。严重的全株矮化或萎缩（图2-32）。

洋葱黄矮病多始于育苗期。病株生长速度变缓或停止生长，明显矮缩。叶片波状或扁平，叶上出现黄绿色花斑或黄色长条斑（图2-33）。

图2-32　大葱黄矮病症状

图2-33　洋葱黄矮病症状

2. 发病规律

病毒引起的病害，病毒在田间主要靠蚜虫或汁液摩擦接毒。如果7月高温干旱，8月就出现少数典型萎缩病株，9月中旬至10月中旬为发病高峰。葱苗期蓟马、蚜虫多发病重；高温干旱、雨水偏少的年份发病重。管理条件差、与葱属植物邻作的发病重。

3. 防治方法

（1）选用辽葱1号等抗病毒病品种。及时防除传毒蚜虫。

（2）精选葱秧，剔除病株，不要在葱类采种田或栽植地附近育苗及邻作。春季育苗应适当提早。育苗如与蚜虫迁飞期吻合，应在苗床上覆盖银灰色防虫网或尼龙纱。

（3）增施有机活性肥，适时追肥，喷施植物生长调节剂，增强抗病力。

（4）管理过程中尽量避免接触病株，防止人为传播。

（5）发病初期喷洒1%香菇多糖水剂500倍液，或20%吗

胍·乙酸铜可湿性粉剂500倍液，或40%吗啉胍·羟烯腺·烯腺可湿性粉剂1 000倍液，间隔10天左右喷1次，防治1～2次。

十七、大葱倒伏

1. 病害特征

大葱生长过旺，叶片向外倒卧（图2-34），严重的叶片杂乱无章覆满地面，人无法下脚，倒伏持续时间长的，下面叶片变黄或腐烂。严重减产。

图2-34　大葱倒伏症状

2. 发病规律

大葱发生倒伏的常见原因有两种：一是栽植过密。二是夏、秋两季雨天多或浇水过大，再加上基肥充足，叶片生长迅速而繁茂，造成叶片头重脚轻，致叶片向外倒伏。

3. 防治方法

（1）栽植大葱，密度不宜过大。

（2）基肥要按配方施肥，不可偏施氮肥，追肥要适时适量，不可过多。

（3）进入雨季，要尽量控制浇水，雨后及时排水，不追肥，高培垄。

第三章
姜主要病害防治

一、姜瘟病

1. 病害特征

姜瘟病又称青枯病、腐败病，是全株性病害。先是发生在根茎上，也为害叶、茎。多从靠近地面的茎基部和地下块茎的上半部母姜先发病，而后向子姜、孙姜和抽生的茎上扩展。病株基部和病姜初呈水渍状，后变黄褐色（图3-1，图3-2），似开水烫过，用手挤压有污白色黏液从维管束中溢出，这是诊断该病的重要特征。发病后期病组织呈褐色腐烂，流出灰白色汁液，留下完整的表皮，并伴生其他病菌，散出臭味，别于姜绵腐病、根茎腐病。

病株茎基部呈水渍状，淡黄褐色，叶片青枯反卷，2～3天后清晨可见叶片由下向上叶缘叶尖发黄凋萎卷缩，叶片由黄变褐，以后渐干枯，茎基部腐烂后植株倒伏，由于根茎腐烂，失去吸收水分和养分的能力，最后全株枯死（图3-3，图3-4）。

图3-1　姜瘟病茎秆发病症状

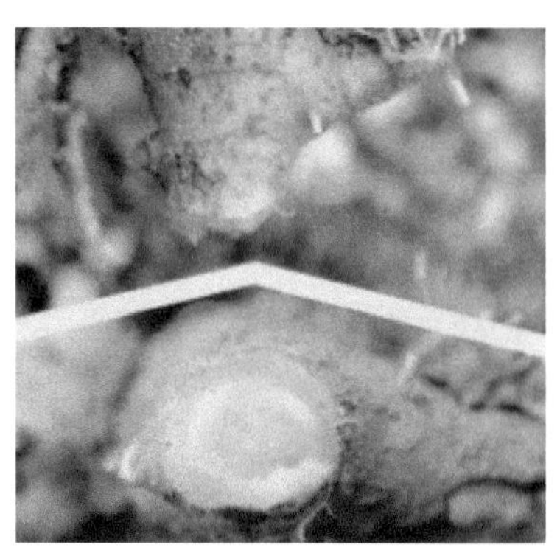

图3-2　姜瘟病块茎发病症状

图3-3　姜瘟病病株

图3-4　姜瘟病田间发病症状

姜瘟病多在6—9月发病，发病早的不能生成子姜，就连种姜也会烂掉。7月发病防治后可收回种姜及部分子姜，8月发病子姜可收获，损失小。

2. 发病规律

病菌在种姜或随病残体在土壤中越冬，一般在土中存活2年以上。种姜带菌是主要初侵染源，并可借助种姜调运进行远距离传播。在发病的姜田病土，用病残体、病土沤制的堆肥，也会把病

菌带入田间引起发病。灌溉水、雨水、地下害虫也是传播病原细菌的媒介。病菌由根茎部伤口侵入，从薄壁组织进入维管束，迅速扩展，终致全株枯萎。姜瘟病的发生与蔓延受温度、湿度等多种因素的影响，病菌发育的适宜温度为26～31℃，高温高湿、时晴时雨的天气，特别是土温变化激烈利于该病发生、流行。在降水量少而气温低的年份一般病情较轻，连作、低洼、土质黏重、无覆盖物、多中耕除草和偏施氮肥的地块发病重。

3. 防治方法

姜瘟病的防治要实行综合防治措施，以农业防治为主，辅之以药剂防治，以切断传播途径，尽可能控制病害发生和蔓延。

（1）轮作换茬：选择土壤肥沃排灌良好的地块进行轮作，三年一轮作。

（2）姜种处理：姜种催芽前用1∶1∶100波尔多液浸种20分钟、硫酸链霉素500毫克/千克浸种48小时或40%福尔马林100倍液闷种6小时，以药液液面高出姜种5～10厘米为宜。

（3）配方施肥：重施有机肥，增施磷钾肥，避免偏施氮肥，提倡用优质农家肥。土壤中以有机质含量1%、速效氮80毫克/千克、速效磷50毫克/千克、速效钾100毫克/千克为宜。

（4）合理密植：每亩定植5 500墩左右为宜，防止过密，改变田间小气候，改善通风透光条件，降低田间湿度。减少划锄次数，防止意外损伤。

（5）铲除病株：及时铲除田间中心病株，运到田外集中销毁处理，不得随意丢弃田间。病穴周围用5%蓝矾、硫酸链霉素等药剂灌穴或用生石灰撒施病穴及周围，填土踩实病穴，病穴周围筑起土埂以防流水传播病菌。

（6）药剂防治：在汛期到来之前，用克瘟灵1 000倍液灌根

2次，间隔时间15～20天，预防姜瘟病的发生。从7月初至8月末每隔10天喷药一次，可选用50%甲霜铜500倍液，或1∶1∶100倍式波尔多液，或75%细菌净500倍液全株均匀喷雾防治，每亩用药液50～75千克，可有效防治姜瘟病的发生和蔓延。

二、姜叶枯病

1. 病害特征

姜叶枯病主要为害叶片。病叶上初生黄褐色枯斑（图3-5），逐渐向整个叶面扩展，病部生出黑色小粒点（图3-6），即病菌子囊座，严重时全叶变褐枯萎。

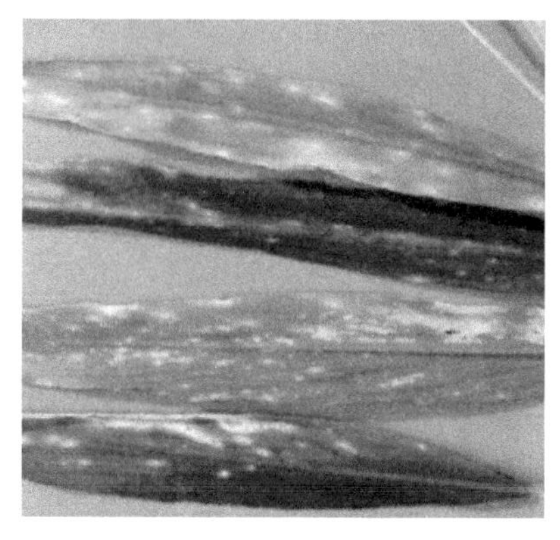

图3-5　病叶上初生黄褐色枯斑

图3-6　病斑表面有黑色小粒点

2. 发病规律

病原为姜球腔菌。病菌以子囊座或菌丝在病叶上越冬。翌春产生子囊孢子，借风雨、昆虫或农事操作传播蔓延。高温、高湿利于发病。连作地、植株长势过密、通风不良、氮肥过量、植株徒长发病重。

3. 防治方法

（1）选用莱芜生姜、密轮细肉姜、疏轮大肉姜等优良品种。

（2）重病地要与禾本科或豆科作物进行3年以上轮作，提倡施用酵素菌沤制的堆肥或生物有机复合肥。采用配方施肥技术，适量浇水，注意降低田间湿度。

（3）秋冬要彻底清除病残体，田间发病后及时摘除病叶集中深埋或烧毁。

（4）发病初期，喷洒40%百菌清悬浮剂600倍液，或40%嘧霉・百菌清悬浮剂400倍液，或50%福・异菌可湿性粉剂700倍液，间隔7～10天喷1次，连续防治2～3次。

三、姜立枯病

1. 病害特征

姜立枯病又称纹枯病。主要为害幼苗。初病苗茎基部靠地际处褐变，引致立枯（图3-7）。叶片染病，初生椭圆形至不规则形病斑，扩展后常相互融合成云状，故称纹枯病。茎秆上染病，湿度大时可见微细的褐色丝状物，即病原菌菌丝。根状茎染病，局部变褐（图3-8），但一般不引致根腐。

2. 发病规律

病原为丝核菌，属真菌界担子菌门丝核菌属。病菌主要以菌核遗落土中或以菌丝体、菌核在杂草和田间其他寄主上越冬。翌年条件适宜时，菌核萌发产生菌丝进行初侵染，病部产生的菌丝又借攀援接触进行再侵染，病害得以传播蔓延。高温多湿的天气或植地郁蔽高湿或偏施氮肥，皆易诱发本病。前作稻纹枯病严重、遗落菌核多或用纹枯病重的稻草覆盖的植地，往往发病更重。

图3-7　姜立枯病病株

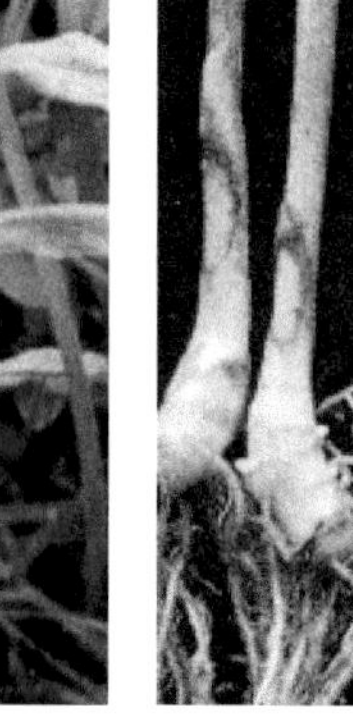

图3-8　姜立枯病茎基部病斑

3. 防治方法

（1）前作稻纹枯病严重的田块勿选作姜地。

（2）勿用稻纹枯病重的稻秆作姜地覆盖物。

（3）施用酵素菌沤制的堆肥或腐熟有机肥。

（4）选择高燥地块种姜，及时清沟排渍降低田间湿度。

（5）发病初期，喷淋或浇灌30%苯醚甲·丙环乳油3 000倍液，或430克/升戊唑醇悬浮剂3 500倍液，或1%申嗪霉素悬浮剂，每亩用80毫升或6%井冈·蛇床素可湿性粉剂40～60克，防效好。

四、姜枯萎病

1. 病害特征

姜枯萎病又称姜块茎腐烂病。主要为害地下块茎部。块茎变褐腐烂，地上部植株呈枯萎状（图3-9）。该病与细菌性姜瘟病外观症状常易混淆，但仔细比较仍可区分：姜瘟病块茎多呈半透明水渍状，挤压患部溢出洗米水状乳白色菌脓，镜检发现大量细

菌涌出；姜枯萎病块茎变褐而不呈水渍状半透明，挤压患部虽渗出清液但不呈乳白色混浊状，镜检病部可见菌丝或孢子，保湿后患部多长出黄白色菌丝，挖检块茎表面长有菌丝体。

图3-9　姜枯萎病病株

2. 发病规律

病原为尖镰孢菌和茄病镰孢，两菌均以菌丝体和厚垣孢子随病残体遗落土中越冬。带菌的肥料、姜种块和病土成为翌年初侵染源。病部产生的分生孢子，借雨水溅射传播，进行再侵染。植地连作、低洼排水不良或土质过于黏重或施用未充分腐熟的土杂肥易发病。

3. 防治方法

（1）选用密轮细肉姜、疏轮大肉姜等耐涝品种。

（2）常发地或重病地宜实行轮作，有条件最好实行水旱轮作。

（3）选高燥地块或高厢深沟种植。

（4）提倡施用酵素菌沤制的堆肥和腐熟的有机肥。适当增施磷钾肥。

（5）注意田间卫生，及时收集病残株烧毁。

（6）常发地植前注意精选姜种块，并用50%多菌灵可湿性粉剂300～500倍液浸姜种块1～2小时，捞起拌草木灰下种。

（7）发病初期，于病穴及其四周植穴淋施3%恶霉・甲霜水剂600倍液，或70%恶霉灵可湿性粉剂1 500倍液，或54.5%恶霉・福可湿性粉剂700倍液。

五、姜眼斑病

1. 病害特征

主要为害叶片。叶斑初为褐色小点，后叶两面病斑扩为梭形，形似眼睛（图3-10），故称眼斑或眼点病。病斑灰白色，边缘浅褐色，大小（5～10）毫米×（3～4）毫米，病部四周黄晕明显或不明显，湿度大时，病斑两面生暗

图3-10　姜眼斑病症状

灰色至黑色霉状物，即病菌的分生孢子梗和分生孢子。

2. 发病规律

病原为德斯霉，病菌以分生孢子丛随病残体在土中存活越冬。以分生孢子借风雨传播，进行初侵染和再侵染。温暖多湿的天气有利本病发生。植地低洼高湿、肥料不足，特别是钾肥偏少、植株生长不良发病重。

3. 防治方法

（1）加强肥水管理。施用酵素菌沤制的堆肥或腐熟的有机肥，增施磷钾肥（特别是钾肥），清沟排渍降低田间湿度，提高植株抵抗力。

（2）药剂防治。可结合防治姜其他叶斑病进行。重病地或田块可喷20%噻菌灵悬浮剂600倍液，或2.5%咯菌腈悬浮剂1 200倍液，或70%甲基硫菌灵可湿性粉剂700倍液。

六、姜白绢病

1. 病害特征

主要为害姜的茎基部和姜根。发病初期地上部茎叶正常，茎基部出现水渍状褐色病斑，病斑上长有白色菌丝体。进入发病中期地上部叶片开始萎蔫，茎基部大部分变成褐色，表土上出现白色菌丝（图3-11）。发病后期，地上部叶片枯黄，茎基部和表土上出现白色至黄色后变褐色油菜籽状小菌核，这时地下茎部腐解成褐色纤维，散出霉味。收姜时常可见到姜块上的白色菌丝（图3-12）。每年7—8月发病，严重的病株率达100%，减产40%。

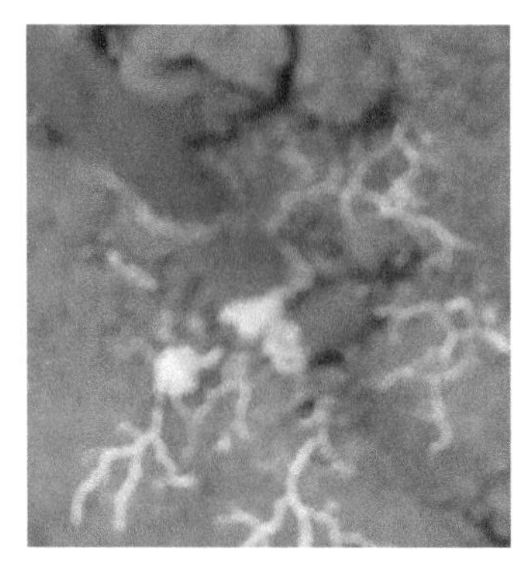

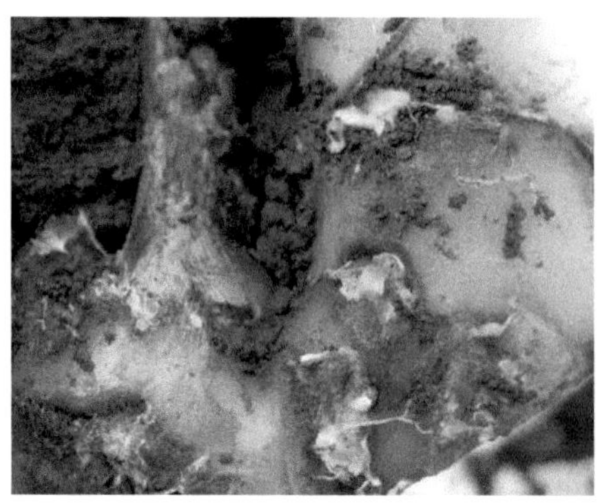

图3-11　表土上出现白色菌丝

图3-12　姜块上出现白色菌丝

2. 发病规律

病原为齐整小核菌，属真菌界子囊菌门小核菌属。菌核油菜籽状，初生白色菌丝，后纠结成茶褐色小菌核，切开成灰色，直径0.5～2毫米。病菌以菌丝体和菌核在病残体或土壤中越冬。多分布在1～2厘米表土层中，在土下2.5厘米以下的菌核很少萌发，7厘米深处几乎不萌发。翌春气温20℃以上时，菌核萌发，常随温度升高，萌发速度加快，是下一季的初侵染源。病株上的菌丝不断产生菌核，随水流、病土传播进行再侵染。该菌喜高温高湿，气温30～35℃，加上潮湿环境，病菌生长速度快。南方进入6—7月梅雨季节，天气时晴时雨易发病、生产上与茄科、葫芦科蔬菜连作、带病种姜多、湿气滞留、封行荫蔽姜田发病重。

3. 防治方法

（1）提倡与十字花科、水稻、葱蒜等作物轮作，可减少发病。

（2）选用无病种姜，选用抗白绢病的品种。

七、姜曲霉病

1. 病害特征

姜曲霉病在田间或储运过程中均可发病，主要为害姜块茎。田间染病，常从露出地面的姜块有伤口处侵入，发病初期出现水渍状软化，后向里扩展，致姜肉腐烂，仅残留干皮。内部充满黑霉（图3-13），即病菌分生孢子梗和分生孢子。

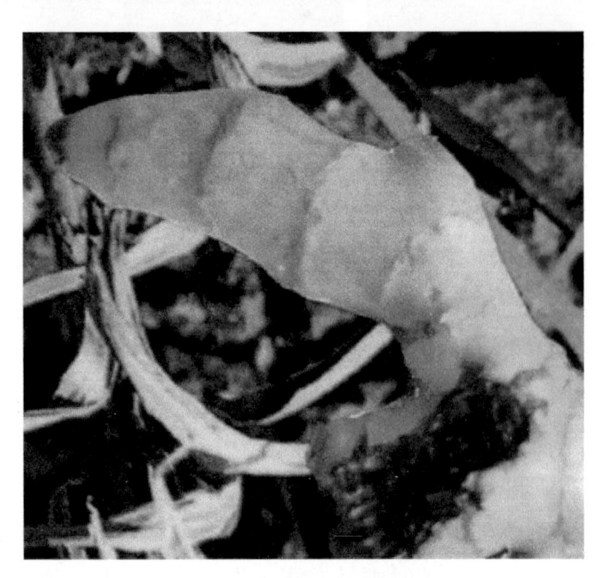

图3-13　病姜上的黑斑

2. 发病规律

病原为黑曲霉，属真菌界子囊菌门曲霉属。该菌能侵染多种蔬菜，广泛分布，条件适宜时，分生孢子从伤口侵入，发病后，产生众多分生孢子借气流传播，造成一定为害。姜生长弱、伤口多易发病。

3. 防治方法

（1）采用测土施肥技术，施足腐熟有机肥。生长期适时浇水追肥，千方百计减少伤口、生理裂口、虫伤等，可减少发病。

（2）发病初期，喷洒60%多菌灵盐酸盐可溶性粉剂600倍液，或55%硅唑·多菌灵可湿性粉剂1 100倍液，还可用45%噻菌灵悬浮剂1千克加细土50千克，充分混匀后撒在病姜基部。

八、姜斑点病

1. 病害特征

主要为害叶片。叶斑黄白色，梭形或长圆形，细小，长2～5毫米，斑中部变薄，易破裂或成穿孔（图3-14）。严重时，病斑密布，全叶似星星点点，故又名白星病（图3-15）。病部可见针尖小点，即分生孢子器。

图3-14　姜斑点病叶片病斑

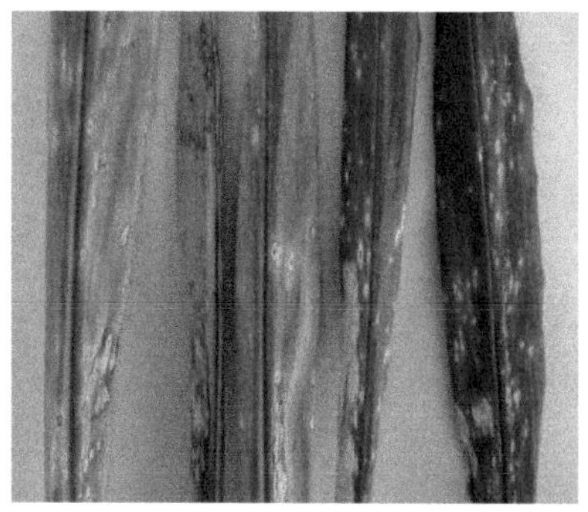

图3-15　姜斑点病病叶

2. 发病规律

病原为姜叶点霉菌，属真菌界子囊菌门叶点霉属。病菌以菌丝体和分生孢子器随病残体遗落在土壤中越冬，也可以子囊

座在病残体上越冬。条件适宜时，以分生孢子或子囊孢子进行初侵染，发病后又产生分生孢子，借雨水或灌溉水传播，进行重复侵染，致该病扩大蔓延。温暖潮湿或田间郁蔽、植株长势弱易发病。雨天多、持续时间长发病重。

3. 防治方法

（1）及时清除病残体，携出田外销毁。

（2）雨后及时排水，防止湿气滞留，改善田间小气候，增强植株抗病力。

（3）发病初期，喷洒70%代森联水分散粒剂600倍液，或50%异菌脲可湿性粉剂1 000倍液，或70%甲基硫菌灵可湿性粉剂800倍液，间隔7～10天喷1次，连喷3～5次。

九、姜炭疽病

1. 病害特征

主要为害大姜的叶片，发病初期先在叶片的叶尖或叶缘产生褐色水浸状小斑（图3-16）；后扩展成圆形或梭形至不规则形褐斑，病斑上有明显或不明显云纹（图3-17）；发病严重时多个病斑连成一片导致整个叶片干枯（图3-18）。湿度大

图3-16　姜炭疽病叶片初期症状

时，叶片斑面会出现密生的小黑点。

图3-17　姜炭疽病叶片中期症状　　图3-18　姜炭疽病叶片后期症状

2. 发病规律

病原为辣椒刺盘孢和胶孢炭疽菌，均属真菌界子囊菌门炭疽菌属。两菌以菌丝体和分生孢子盘在病部或随病残体遗落土中越冬。分生孢子借雨水溅射或小昆虫活动传播，成为本病初侵染和再侵染源。病菌除为害姜外，还可侵染多种姜科或茄科作物。在南方，病菌在田间寄主作物上辗转传播为害，无明显的越冬期。植地连作、田间湿度大或偏施氮肥植株生长势过旺有利发病。

3. 防治方法

（1）避免姜地连作。

（2）收获时彻底收集病残物烧毁。

（3）施用有机活性肥或生物有机复合肥，抓好以肥水管理为中心的栽培防病。增施磷钾肥和有机肥，避免偏施、过施氮肥，高畦深沟，清沟排渍，定期喷施植宝素等生长促进剂，使植株壮而不旺，稳生稳长。

（4）及时喷洒32.5%苯甲·嘧菌酯悬浮剂1 500倍液，或250克/升咪鲜胺乳油1 000倍液，或66%二氰蒽醌水分散粒剂1 800倍液，或250克/升嘧菌酯悬浮剂1 000倍液，10～15天喷1次，防治2～3次，注意喷匀喷足。

十、姜花叶病毒病

1. 病害特征

主要为害叶片。在叶面上出现淡黄色线状条斑（图3-19）。

图3-19　姜花叶病毒病病叶

2. 发病规律

病原为黄瓜花叶病毒，属雀麦花叶病毒科黄瓜花叶病毒属。病毒在多年生宿根植物上越冬，靠蚜虫进行传毒。

3. 防治方法

（1）因地制宜选育和换种抗病高产良种。

（2）加强检查，于当地蚜虫迁飞高峰期及时杀蚜防病，同时挖除病株，以防扩大传染。

（3）发病初期，喷洒20%吗胍·乙酸铜可湿性粉剂500倍液，或5%菌毒清可湿性粉剂200倍液，或0.5%香菇多糖水剂250倍液，间隔10天左右喷1次，视病情连续防治2～3次。翌年病毒病发病重的地块，可在发病前或发病初期，喷洒防治病毒病的纯合剂抗病型的绿地康100倍液，病毒病严重时可加大到50倍液，间隔5～7天喷1次。药剂可与姜株细胞膜的受体蛋白结合，激发多种酶的活性，提高免疫力。

十一、姜细菌软腐病

1. 病害特征

主要侵染根茎部。初呈水渍状溃疡（图3-20），用手压挤，可见乳白色浆液溢出，因地下部腐烂，致地上部迅速湿腐，病情严重的根、茎呈糊状软腐，散发出臭味，致全株枯死。

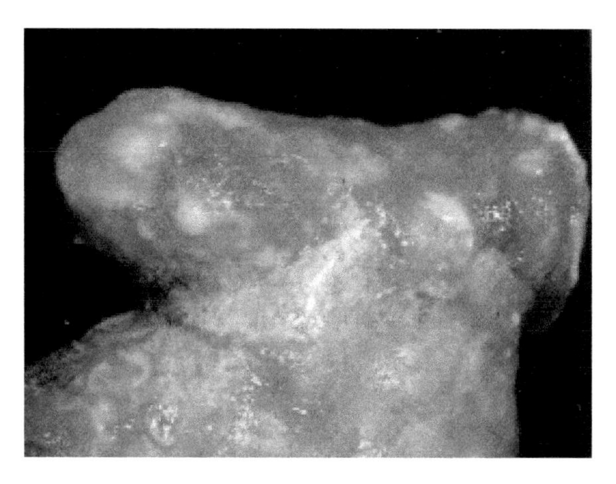

图3-20　姜细菌软腐病块茎症状

2. 发病规律

病原为胡萝卜果胶杆菌胡萝卜变种，属细菌界薄壁菌门。病菌主要经由伤口侵入，侵入后病菌分泌果胶酶溶解中胶层，导致细胞分崩离析，致使细胞内水分外溢，引起软腐。病菌在田间主要借雨水、灌溉水传播，再侵染频繁，田间病害发展迅速。病菌喜高温高湿条件，病菌在2～40℃范围内均可发育，最适温度25～30℃。病菌繁殖需要高湿度，传播和侵入需有水存在。

3. 防治方法

（1）雨后及时排除姜田的积水，降低田间湿度，减少发病。

（2）储藏姜时要选择高燥地块，免遭腐烂。

（3）发病初期，喷洒20%噻菌铜悬浮剂500倍液，或30%王铜悬浮剂600倍液，或50%氯溴异氰尿酸可溶性粉剂1 000倍液，或1∶1∶120倍式波尔多液，间隔10天喷1次，连续防治2～3次。

十二、姜细菌性叶枯病

1. 病害特征

姜细菌性叶枯病又称姜细菌叶枯病或烂姜。叶片发黄，沿叶缘、叶脉扩展，初期出现淡褐色略透明水浸状斑点（图3-21），后变为深褐色斑（图3-22），边缘清晰。为害严重时，叶片布满病斑或病斑连成片，致使整个叶片变褐枯萎（图3-23）。根茎部发病初期出现黄褐色水浸状斑块（图3-24），逐渐失去光泽，姜从外部逐渐向内软化腐败，仅留表皮，内部充满灰白色具硫化氢臭味的汁液。

图3-21　姜细菌性叶枯病病叶初期

图3-22　姜细菌性叶枯病病叶后期

图3-23　姜细菌性叶枯病叶片枯萎

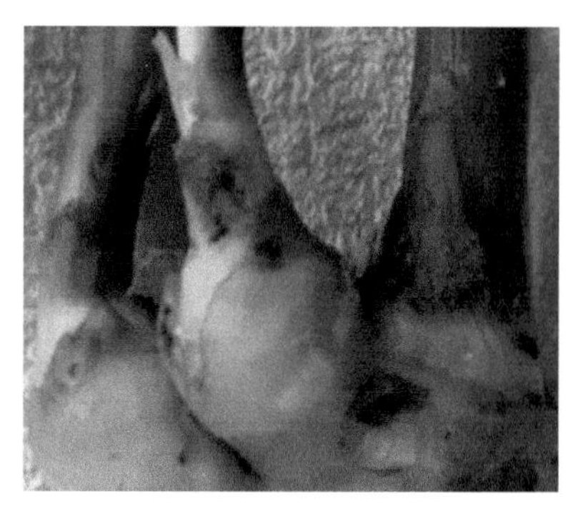

图3-24　姜细菌性叶枯病块茎症状

2. 发病规律

病原为油菜黄单胞杆菌姜致病变种（姜细菌叶枯病黄单胞菌），属细菌界薄壁菌门。病原细菌主要在储藏的根茎里或随病残体留在土壤中越冬或越夏。带菌根茎成为田间主要初侵染源，并可通过根茎进行远距离传播，在田间病菌靠灌溉水及地下害虫传播蔓延。在地上借风雨、人为等因素接触传播，病原细菌从伤口或叶片上的水孔侵入，沿维管束上下蔓延，引致根茎腐烂或植株枯死。土温28～30℃、土壤湿度高易发病。

3. 防治方法

（1）选用密轮细肉姜、疏轮大肉姜等耐涝品种和无病种姜，播种前用3%中生菌素800倍液和阿波罗963养根素1 000倍液进行药剂浸种。必要时切开种姜用1：1：100倍式波尔多液浸20分钟，也可用草木灰封住伤面，以避免病原菌从伤口侵入。

（2）土壤用维康等土壤处理剂22～30千克随水冲施浸灌，7～10天后播种。于播种前1周沟施生物菌有机肥多菌宝或宝地生100千克补充土壤有益菌。发现病株马上拔除，集中深埋或烧毁，病穴撒施石灰消毒，严防病田的灌溉水流入无病田中。

（3）有条件的应与水稻等禾本科作物实行2～3年轮作。

（4）发病初期浇灌20%叶枯唑可湿性粉剂600倍液，或20%噻菌酮可湿性粉剂1 500倍液。此外，要注意防治地下害虫。

（5）种姜收获后，先晾晒几天，后放在20～33℃温度条件下热处理7～8天，促其伤口愈合，发现病姜及时剔除后再进行储藏，窖温控制在12～15℃为宜。

十三、姜烂脖子病

1. 病害特征

姜烂脖子病又称姜茎基腐病，也称腐霉菌根腐病。初步感染阶段，姜株看似并无异样，特别难以发觉。待到感染中期，茎基部出现大小不等的水渍状斑，逐渐扩大，叶片发黄，发病后期病斑环绕茎基部一周，导致茎基部组织逐渐腐烂（图3-25）。由于水分养分运输受阻，地上部主茎由上而下干枯死亡，叶片发黑脱落，呈枯萎状，湿度大时扒开土壤，在病部和土壤中可见白色棉絮状物，严重时开始死株（图3-26），为害极大。

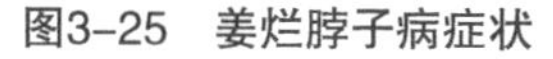

图3-25　姜烂脖子病症状

图3-26　出现倒苗现象

2. 发病规律

病原为瓜果腐霉、喙腐霉、周雄腐霉等。病菌在病残体上、土壤中或种姜上越冬。土壤中的腐霉菌先侵入近地面的根茎，后向下扩展，侵入地下茎和刚萌发的芽，后软化，在土壤中借姜及流水传播。土壤湿度大、排水不良的低洼处易发病。一般5月开始发生，收获后带有病菌的种姜仍可继续发病，一直延续到翌年3月播种时。

3. 防治方法

（1）选用无病虫、无霉烂的种姜，防止病虫传播，保证苗全苗壮。播种时，用40%福星乳油8 000倍液浸种，也可每100千克种子用50%多菌灵200克加水100千克，浸泡4～5分钟，晾干后待播。

（2）土壤消毒处理。在病害发生严重的地块，整地时每亩选用70%硫菌灵、50%多菌灵、50%敌克松或福美双1～1.5千克拌细土30千克撒施在土中。在酸性土壤中施用石灰进行消毒，可预防土传病害。

（3）合理轮作倒茬。与禾本科作物进行2年以上轮作倒茬，防灾避害。

（4）科学用肥，改良土壤。生姜喜欢透气性较好的土壤，每亩可用硫酸钾复合肥100千克和腐熟好的土杂肥2 500千克，硼锌肥1千克。黏重土壤可采用掺沙处理。生长中期可用含腐殖酸、高钾高钙套餐嘉美红利、赢利来随水冲施，预防病害，疏松活化土壤，促进茎块膨大。

（5）垄作搭架栽培，改善土壤通气性，促进地下茎生长。按1米宽做垄，垄高20厘米，当苗高30厘米时，按每米^2 4根竹竿搭成人字架，促进通风、透光和湿气流动，促进叶片光合作用，防病控害。

（6）发病初期用精甲霜灵或银法利800倍液加800倍液嘉美红利灌根或叶喷，也可用40%福星乳油8 000倍液、75%百菌清1 000倍液，在发病部位灌根，每株灌50～100毫升，每10天灌1次，连灌2次即可。

（7）大姜培土前两天，随水冲施多宁（77%硫酸铜钙）或科博，用量1千克，提前预防培姜动土后病害发生。

十四、姜群结腐霉根腐病

1. 病害特征

姜群结腐霉根腐病又称软腐病。发病初期地际部茎叶处现黄褐色病斑，继而软腐，致地上部茎叶黄化萎凋后枯死。地下部块茎染病，呈软腐状，失去食用价值。一般结群腐霉引起的根腐病先引起植株下部叶片尖端及叶缘退绿变黄，后蔓延至整个叶片，并逐渐向上部叶片扩展，致整株黄化倒伏（图3-27），根茎腐烂，散发出臭味。

图3–27　姜群结腐霉根腐病症状

2. 发病规律

病原为群结腐霉。病菌以菌丝体在种姜或以菌丝体和卵孢子在遗落土中的病残体上越冬。病姜种、病残体和病肥成为本病的初侵染源。在温暖地区，游动孢子囊及其萌发产生的游动孢子借雨水溅射和灌溉水传播，进行初侵染和再侵染。通常日暖夜凉的天气和植地低洼积水、土壤含水量大、土质黏重有利该病发生。种植带菌的种姜和连作，发病重。

3. 防治方法

（1）防治策略及措施跟姜瘟病的基本相同，都要强调预防为主，综合防治。强调抓好选留健种、种姜消毒，实行轮作和改进栽培技术等环节。

（2）姜田需全面消毒时，每亩撒施氰氨化钙50～100千克，于播种前10天旋耕，并压土盖膜，密闭5～7天，揭膜后晾2～4天即可种姜。

（3）定植前，可用25%烯肟菌酯乳油900倍液、20%唑菌酯悬浮剂900倍液、85%波尔·甲霜灵可湿性粉剂600倍液、60%锰锌·氟吗啉、60%丙森·霜脲氰或72%霜脲·锰锌可湿性粉剂600～800倍液浸种或闷种姜，用尼龙膜密封1小时，然后晾干下种；在出苗后至始病期，浇水时随水冲施77%硫酸铜钙可湿性粉剂600倍液混加50%甲基硫菌灵悬浮剂600倍液，10天后再浇灌甲壳素500倍液促姜根系生长。

第四章

葱姜类蔬菜害虫防治

一、葱蓟马

1. 为害特征

葱蓟马别名烟蓟马，可为害大葱、小葱、洋葱（圆葱、葱头）、水葱、香葱、韭菜、薤头、大蒜、人参果、烟草、棉花等作物。成虫（图4-1）、若虫以锉吸式口器为害寄主植物的心叶（图4-2）、嫩芽，使葱形成许多长形黄白斑纹（图4-3，图4-4），严重时，葱叶扭曲枯黄，无法生食。近年该虫为害大葱猖獗。

2. 生活习性

华北年发生3～4代，山东6～10代，华南20代以上。以成虫或若虫在大葱叶鞘内或土缝中或杂草株间、葱地里越冬。在25～28℃下，卵期5～7天，幼虫期（1～2龄）6～7天，前蛹期2天，蛹期3～5天。成虫寿命8～10天。雌虫可行孤雌生殖，每雌平均产卵约50粒（21～178粒），卵产于叶片组织中。2龄若虫后期，常转向地下，在表土中经历前蛹及蛹期。以成虫越冬为主，也有若虫在葱蒜叶鞘内侧、土块下、土缝内或枯枝落叶中越冬，尚有少数以蛹在土中越冬。在华南无越冬现象。成虫极活跃，善飞，怕阳光，早、晚或阴天取食。初孵幼虫集中在葱叶基部为害，稍大即分散。在25℃和空气相对湿度60%以下时，有利于葱蓟马发生，高温高湿则不利，暴风雨可降低发生数量。一年中以4—5月为害最重。东北、西北5月下旬至6月上旬受害重。

图4-1　葱蓟马成虫

图4-2　葱蓟马为害大葱心叶

图4-3　为害叶片症状

图4-4　长形黄白斑纹

3. 防治方法

（1）清除葱蓟马越冬场所，减少越冬虫数，栽葱前清洁田园。大葱生长期间勤除草中耕，改变葱田生态条件，适当增加湿度，抑制葱蓟马为害。

（2）喷洒2.5%多杀霉素悬浮剂1 200倍液，或10%吡虫啉可湿性粉剂2 000倍液，或2%甲维盐乳油2 000倍液，或1.8%阿维菌素乳油2 500倍液，或3%啶虫脒乳油2 000～3 000倍液，轮换使用。

二、葱地种蝇

1. 为害特征

葱地种蝇（图4-5，图4-6）别名葱蝇、葱蛆、蒜蛆。可为害大葱、小葱、细香葱、分葱、薤、洋葱（圆葱、葱头）、大蒜、青蒜、韭菜等百合科蔬菜。

幼虫蛀入葱蒜等鳞茎，引起腐烂、叶片枯黄、萎蔫，甚至成片死亡（图4-7，图4-8）。韭菜受害后常造成缺苗断垄，甚至全田毁种。

图4-5　葱地种蝇成虫

图4-6　葱地种蝇幼虫

图4–7　葱地种蝇为害大葱

图4–8　葱地种蝇为害洋葱

2. 生活习性

在华北地区年发生3～4代，以蛹在土中或粪堆中越冬。5月上旬成虫盛发，卵成堆产在葱叶、鳞茎和周围1厘米深的表土中。卵期3～5天，孵化的幼虫很快钻入鳞茎内为害。幼虫期17～18天。老熟幼虫在被害株周围的土中化蛹，蛹期14天左右。第1代幼虫为害期在5月中旬，第2代幼虫为害期在6月中旬，第3代幼虫为害期在10月中旬，成虫集中在葱叶、鳞茎及葱地成堆产卵。

3. 防治方法

（1）提倡采用绿色生物技术综合防治葱地种蝇，替代农药防控蔬菜病虫害。

（2）施用酵素菌沤制的堆肥或充分腐熟有机肥或饼肥，以减少葱地种蝇发生。

（3）加强水肥管理，控制蛆害。

（4）糖醋液诱杀成虫，用红糖0.5千克、醋0.25千克、酒0.25千克+清水0.5千克，加敌百虫少量，配好的糖醋液倒入盆中，保持5厘米深，放在田中即可。

（5）成虫发生盛期后10天内，进入防治卵和幼虫适期。防治成虫可喷淋90%敌百虫可溶性粉剂700倍液，或3.3%阿维·联苯菊乳油1 000倍液，或10%灭蝇胺悬浮剂400倍液。

（6）田间发现幼虫时，也可浇灌90%敌百虫可溶性粉剂700倍液或40%辛硫磷乳油1 000倍液。辛硫磷在地面上用持效短、有利于无公害，在地下用药效高、持效时间长，确是物美价廉的杀虫剂。提倡用800克/升辛硫磷乳油500倍液蘸根，防止幼虫为害定植后的葱根。

三、葱斑潜蝇

1. 为害特征

葱斑潜蝇（图4-9，图4-10）别名葱潜叶蝇、韭菜潜叶蝇。可为害葱、细香葱、薤、洋葱、韭菜。幼虫在叶组织内蛀食成隧道，呈曲线状或乱麻状（图4-11，图4-12），影响作物生长。

2. 生活习性

吉林年发生3～4代，以蛹在受害株附近表土中越冬。翌年4月下旬至5月上旬成虫始发，5月上旬进入成虫羽化盛期。白天交尾产卵，5～6天幼虫孵化并开始为害，幼虫期10～12天，幼虫老熟后入土化蛹，蛹期12～16天，越冬蛹为7个月。每头雌虫1年可产卵40～116粒。成虫于9：00时到16：00时取食补充营养，多在15：00时至17：00时产卵，每次产卵17粒。老熟幼虫清晨4：00～6：00时离叶，7：00～9：00时离叶高峰期。葱田连作或与百合科邻作及草荒严重的受害重。有一种茧蜂寄生葱斑潜蝇幼虫，寄生率为23.3%。

图4-9　葱斑潜蝇成虫

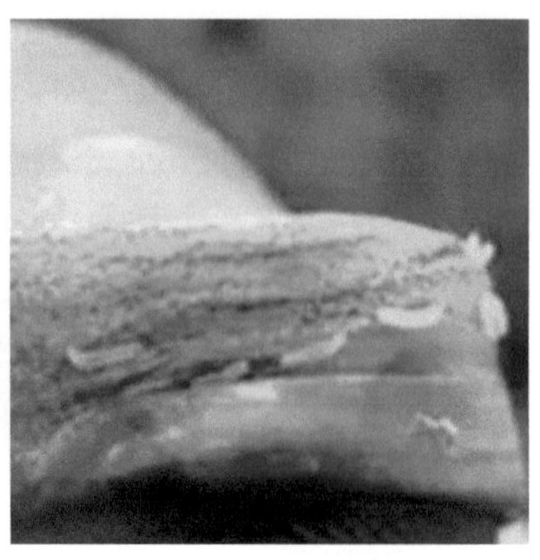

图4-10　葱斑潜蝇幼虫

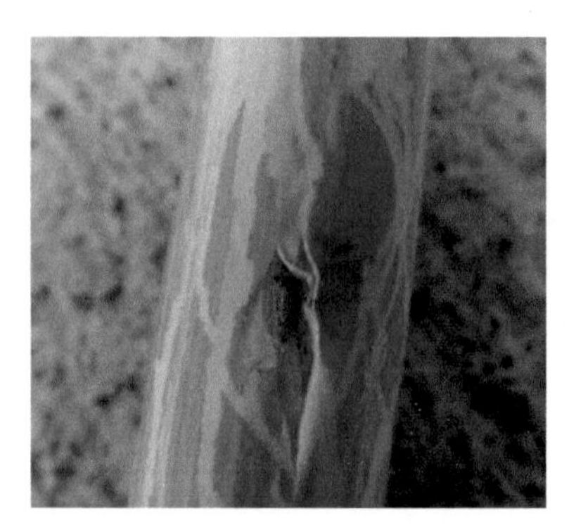

图4-11　葱斑潜蝇为害状及幼虫化蛹

图4-12　葱斑潜蝇为害状

3. 防治方法

（1）秋翻葱地，及时锄草，与非百合科作物轮作，减少虫源。

（2）保护利用天敌。

（3）可在成虫盛发期用红糖、醋各100克，加水1 000毫升煮沸，加入40克敌百虫调匀，拌在40千克干草或树叶上，撒在田间诱杀成虫。

（4）于成虫产卵盛期或幼虫孵化初期，喷洒90%敌百虫700倍液，或40%辛硫磷乳油1 000倍液，或75%灭蝇胺可湿性粉剂3 500倍液，或1.8%阿维菌素乳油，或10%吡虫啉乳油1 500倍液。

四、葱须鳞蛾

1. 为害特征

葱须鳞蛾（图4-13，图4-14）别名韭菜蛾、葱小蛾、苏邻菜蛾。可为害韭菜、葱、细香葱、薤、洋葱等百合科蔬菜或野生植物。为害韭菜时，卵散产于韭菜叶上，幼虫孵化后在叶内蛀食，将韭菜叶咬成纵沟，在沟中向茎部蛀食，残留表皮，形成薄膜状白色斑（图4-15），有椭圆形小孔，韭叶被害后大部变黄枯死；为害葱时，幼虫在葱叶内蛀食内表皮和叶肉（图4-16），留下外表皮，在葱叶上形成不规则白斑，呈窗户纸状，葱叶受害后上部变黄枯死。

图4-13　葱须鳞蛾成虫

图4-14　葱须鳞蛾幼虫

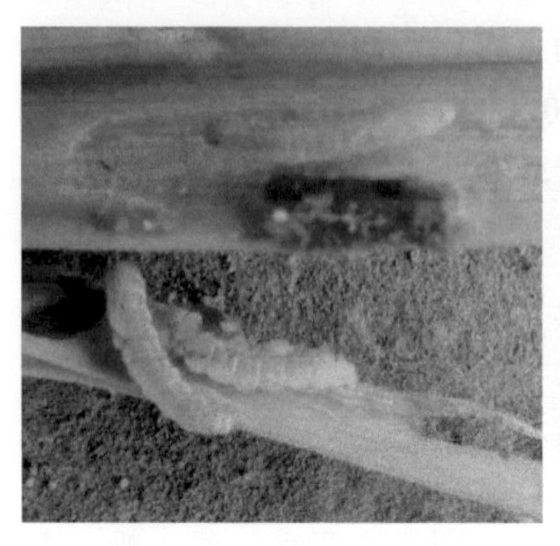

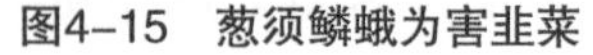
图4-15　葱须鳞蛾为害韭菜

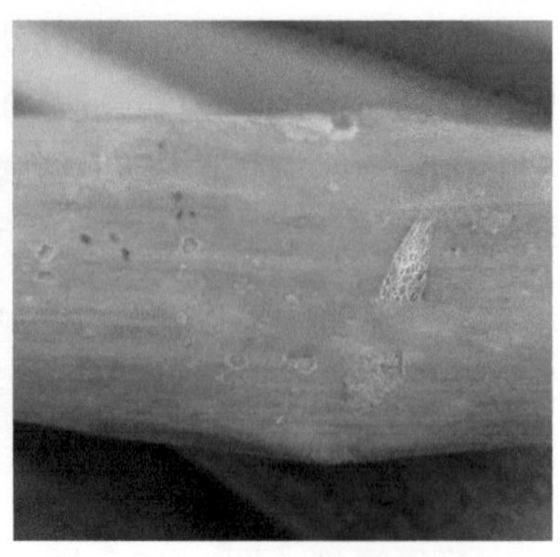

图4-16　葱须鳞蛾为害细葱

2. 生活习性

我国南北方均有分布。成虫羽化后需补充营养。卵散产于韭叶上，幼虫孵化后向叶基部转移为害，将韭叶咬成纵沟，有时残留表皮。幼虫在沟中向茎部蛀食，但不侵入根部，常把绿色的虫粪留在叶基分叉处，受害植株易辨认。幼虫老熟后从茎内爬至叶中部吐丝做薄茧化蛹。25℃下，成虫羽化后，经3～5天开始产卵，卵期5～7天，幼虫期7～11天，蛹期8～10天，成虫期10～20天。

3. 防治方法

在卵孵化盛期，喷洒90%敌百虫可溶性粉剂700倍液，或40%辛硫磷乳油1 000倍液，或20%氰戊菊酯乳油1 000倍液，或50%灭蝇胺可溶性粉剂1 500倍液，或20%吡虫啉浓可溶剂2 500倍液，或200克/升氯虫苯甲酰胺悬浮剂3 000倍液，或20%氟虫双酰胺水分散粒剂3 000倍液。

五、葱蚜

1. 为害特征

葱蚜（图4-17）别名韭菜蚜虫、葱小瘤蚜。为害韭菜、葱的叶面，严重时布满叶片和花内（图4-18），刺吸汁液，致植株矮小或萎蔫。

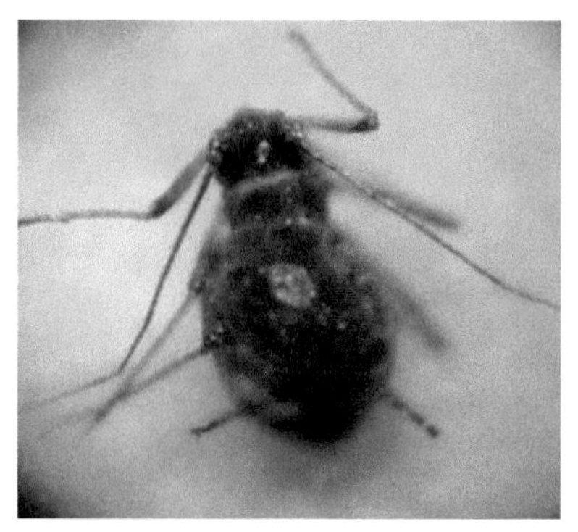

图4-17　葱蚜

图4-18　葱蚜为害状

2. 生活习性

北京7—8月发生无翅蚜，9月发生有翅型，9月末出现有翅雄蚜。山西为害葱叶，云南11月仍见为害韭菜。

3. 防治方法

（1）采用黄板诱杀或铺设银灰色反光塑料薄膜忌避蚜虫。

（2）棚室发生韭菜蚜虫可用杀蚜虫烟剂熏治。

（3）露地韭菜或葱、蒜等在发生期喷洒70%吡虫啉水分散粒剂8 000倍液，或20%吡虫啉浓可溶剂3 000倍液，或10%氯噻啉粉剂500倍液，或10%烯啶虫胺水剂2 000倍液，或50%抗蚜威乳油1 500倍液，间隔10天喷1次，连续防治2～3次。

六、葱黄寡毛跳甲

1. 为害特征

成虫和幼虫均可为害。成虫（图4-19）在地上部取食叶片，成缺刻或孔洞，黑色粪便附在其上。幼虫分散或集中在韭根中，取食须根，致地上部叶片枯黄、凋萎或生长不良。

图4-19 葱黄寡毛跳甲成虫

2. 生活习性

山东潍坊年发生2代，以幼虫在根部周围土壤中10厘米深处越冬。越冬幼虫于翌年3月上旬移至5～10厘米处为害，5月上旬开始化蛹，5月中旬成虫始见，幼虫龄期不整齐，春季虫量大，5月中旬至11月上旬一直延续不断。卵历期13.9天，蛹历期约14天，成虫寿命30多天，一般降雨或浇水2～3天后成虫大量羽化出土，卵多产在土下根际处，产卵期约1个月，每雌产卵175粒。

3. 防治方法

（1）冬灌或春灌可杀灭部分幼虫。

（2）施用充分腐熟的有机肥，发现为害时不要再追施粪稀，应改用化肥，头刀、二刀后随水灌2次氨水，但不要过量。

（3）成虫盛发期喷洒800克/升辛硫磷乳油，每亩用250毫升。幼虫盛发期灌800克/升辛硫磷800倍液或Bt乳剂400倍液与40%辛硫磷乳油1 000倍液混合后灌根。采收前7天停止用药。为防止农药中毒，韭菜田严禁使用3911、1605、氟虫腈、氟乙酰胺等剧毒农药。

七、葱田甜菜夜蛾和甘蓝夜蛾

1. 为害特征

葱田甜菜夜蛾（图4-20，图4-21）和甘蓝夜蛾（图4-22，图4-23）可为害甘蓝、花椰菜、白菜、萝卜、白萝卜、莴苣、大葱、细香葱（图4-24，图4-25）、棉花、大豆、番茄、青椒、茄子、马铃薯、黄瓜、西葫芦、豇豆、架豆、茴香、胡萝卜、芹菜、菠菜、韭菜、大蒜等多种蔬菜及其他植物170余种。

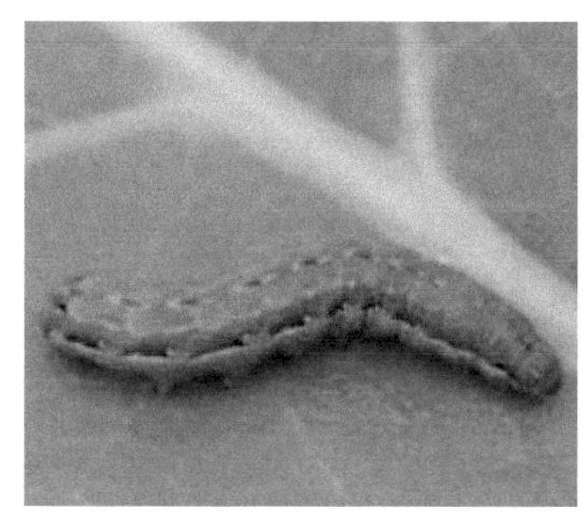

图4-20　甜菜夜蛾幼虫

图4-21　甜菜夜蛾成虫

图4-22　甘蓝夜蛾幼虫

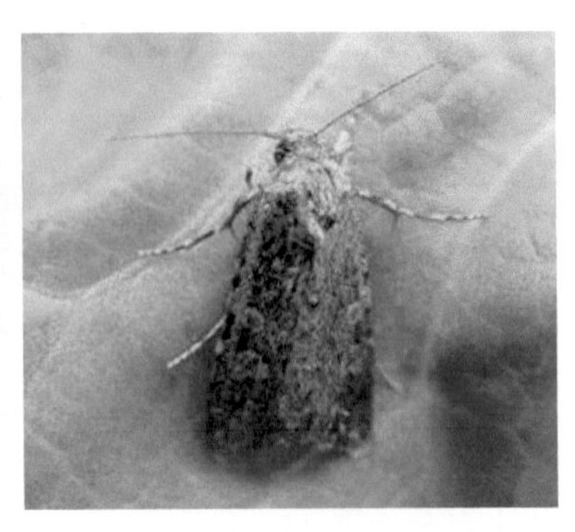
图4-23　甘蓝夜蛾成虫

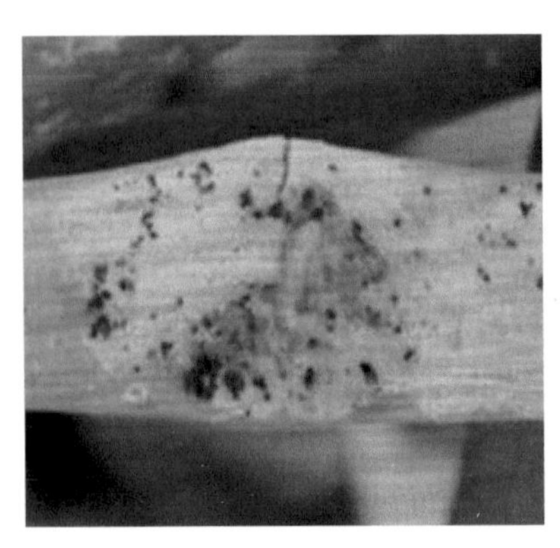
图4-24　甜菜夜蛾幼虫为害葱叶

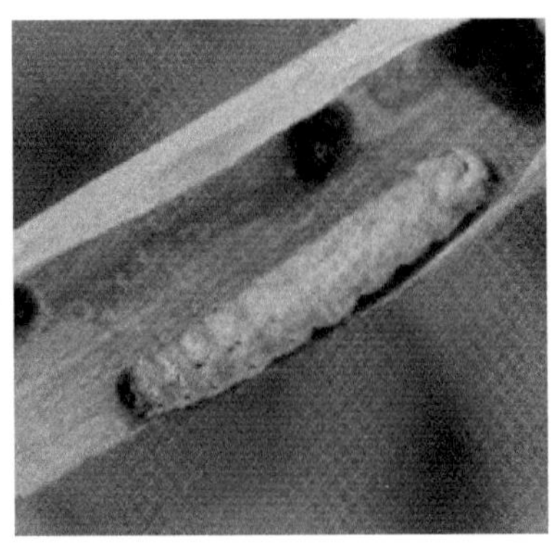
图4-25　甘蓝夜蛾在葱叶里为害

2. 生活习性

该虫在胶东半岛年发生5代，越冬代成虫4月下旬盛发，1代6月中旬盛发，2代7月上旬、3代7月底8月初、4代8月中旬、5代9月上旬盛发至成虫绝迹，卵多产在地上假茎嫩绿部分。初孵幼虫群居，3龄后分散为害叶上部，啃食表皮，后钻入叶内取食内表皮和叶肉，剩下外表皮，受害处呈窗纸状，后干枯。多在夜晚取食，有转移为害习性，有假死性，幼虫老熟后入土化蛹。大葱受害株率达1%～2%。

3. 防治方法

防治葱田甜菜夜蛾一定要在卵孵化盛期，最迟必须在幼虫蛀入葱管以前防治，于黄昏后或早上8：00时以前喷洒200克/升氯虫苯甲酰胺悬浮剂3 000倍液或20%氟虫双酰胺水分散粒剂3 000倍液，持效12天。或10%虫螨腈悬浮剂800倍液、240克/升甲氧虫酰肼悬浮剂2 000倍液、2%甲胺基阿维菌素苯甲酸盐乳油3 000～4 000倍液，间隔5～6天喷1次，连续防治2～3次。

八、葱田斜纹夜蛾

1. 为害特征

葱田斜纹夜蛾可为害甘蓝、大白菜、小白菜、花椰菜、芥蓝、藕、芋、蕹菜、苋菜、马铃薯、茄子、甜椒、番茄、豆类、瓜类及大葱、韭菜等。2010年9月13日在北京一块大葱田发现该虫为害大葱，9月底在大葱田发现斜纹夜蛾高龄幼虫，在大葱上的为害症状与甜菜夜蛾为害状相似，幼虫啃食大葱叶片（图4-26），有缺刻，钻入葱管内取食叶肉，残留薄的上表皮，并在葱管内残留大量虫粪，造成葱叶上部发白腐烂，萎蔫干枯下垂，严重影响大葱生长，影响产量，品质降低。

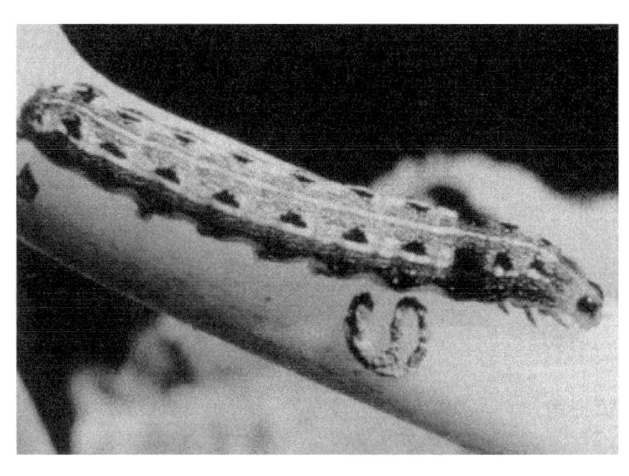

图4-26　葱田斜纹夜蛾幼虫

2. 生活习性

该虫是一种喜温耐高温间歇猖獗为害的害虫，各虫态发育适宜温度为28～30℃，33～40℃下也还能生长。

3. 防治方法

同甜菜夜蛾防治方法。

九、刺足根螨

1. 为害特征

受害的地下茎或球茎呈黑褐色而腐败（图4-27），受害处随根螨的增殖不断向四周及内部组织深处蔓延，致地上部叶片细小，发黄，生长缓慢，甚至枯死。大葱受害的先是幼苗叶部枯萎，出现脱色症状，严重的葱白组织受损（图4-28），无光泽，折断。百合等鳞茎受害，产生褐色小斑，地上部黄枯。有些蔬菜或花卉的球茎受害，发芽后叶片带有紫色，逐渐干枯。应注意与病害区别。

图4-27　刺足根螨

图4-28　刺足根螨为害状

2. 生活习性

成虫宽卵圆形，体长0.6～0.9毫米，乳白色，有光泽，颚体部、足浅红褐色，幼虫3对足，若虫和成虫4对足。卵白色，椭圆形，长约0.2毫米。

以成螨和若螨为害韭菜、葱蒜假茎，使其腐烂。在高湿条件下，气温18.3～23.9℃完成1代需17～27天，20～26.7℃只需9～13天，雌螨交配后1～3天即产卵，每雌平均产卵195粒，最多达500粒。第1、第3若螨期间条件不利时，出现体形变小的活动化传播体。刺足根螨喜在沙壤中为害。有时一株葱上可达数百头。一条根上有10多头，能在土中移动。酸性土受害重。

3. 防治方法

（1）整地时注意深耕，合理施肥，对酸性土壤要施入消石灰或氰氨化钙80～100千克调至中性。

（2）合理轮作，避免根螨寄主作物连作，与瓜类、豆类轮作。

（3）块根类作物要在阳光下暴晒，可减轻为害。

（4）留种球根（茎）可用40%辛硫磷乳油1 000倍液浸渍15分钟后晾干再播种。

（5）生长期发生根螨时浇灌3.3%阿维·联苯菊乳油1 500倍液或40%辛硫磷乳油1 000倍液，均有效。

十、姜弄蝶

1. 为害特征

姜弄蝶（图4-29，图4-30）别名银斑姜蝶。可为害生姜、姜花、艳山姜等姜属植物。幼虫吐丝黏叶成苞，隐匿其中取食，受害叶呈缺刻（图4-31）或在1/3处断落，严重时仅留叶柄。

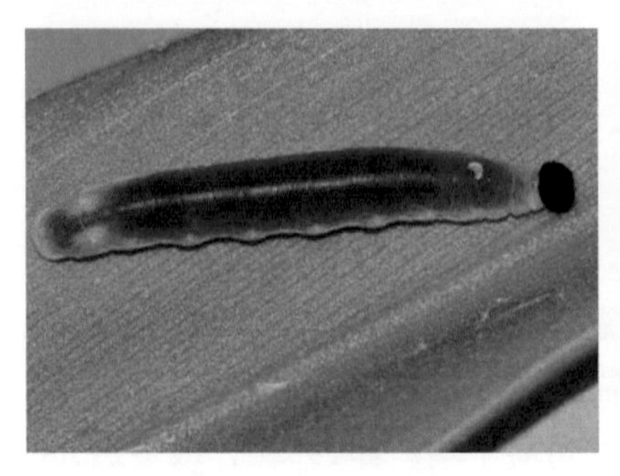

图4-29　姜弄碟幼虫

图4-30　姜弄蝶成虫

2. 生活习性

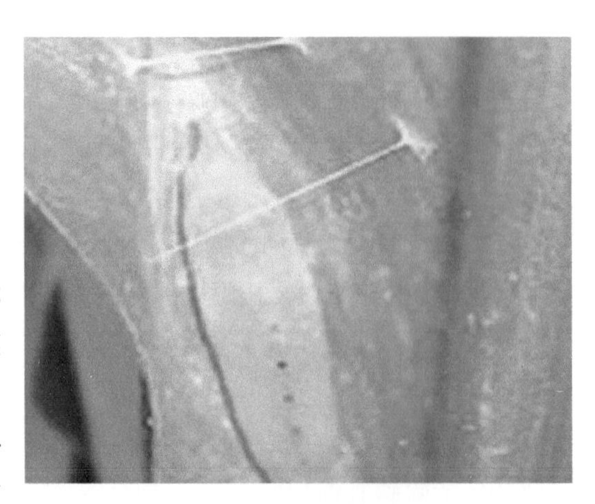

图4-31　姜弄蝶为害状

在广东年发生3～4代，以蛹在草丛或枯叶内越冬。翌春4月上旬羽化，产卵。幼虫5月中旬开始为害，以7—8月为害最烈。雌蝶将卵散产于叶背，每雌可产卵20～34粒。幼虫孵化后爬至叶缘，吐丝缀叶，3龄后可将叶片卷成筒状叶苞，并于早晚转株为害。老熟幼虫在叶背化蛹。卵期4～11天；幼虫期14～20天，共5龄；蛹期6～12天；成虫寿命10～15天。

3. 防治方法

（1）生姜收获后，及时清理假茎和叶片，烧毁或沤制肥料，以减少虫源。

（2）人工摘除虫苞。

（3）幼虫期喷洒苏云金杆菌6号悬浮剂900倍液或20%氰戊菊酯乳油1 200倍液，效果较好。

十一、姜螟

1. 为害特征

姜螟又名钻心虫，是一种杂食性害虫，从生姜出苗至收获前均能造成为害。姜螟主要以幼虫取食为害（图4-32），幼虫孵出2～3天即可从距地面1～5厘米高处叶鞘与茎秆缝隙或心叶处侵入，且侵入处有明显的钻蛀孔洞。幼虫钻入后即向上钻蛀取食，造成茎秆空心，使水分营养运输受阻，被害叶片成薄膜状，且残留有粪便，叶片上有不规则的食孔，茎和叶鞘常被咬成环痕。苗期受害后上部叶片枯黄凋萎或造成茎秆折断而下部叶片一般仍表现正常，所以田间调查时可以清楚看见上枯下青的植株（图4-33）即为姜螟为害。

图4-32　姜螟幼虫取食

图4-33　姜螟为害状

2. 生活习性

幼虫体长1～3厘米，3龄前幼虫呈乳白色，老熟时呈淡黄色或褐色。姜螟一年可发生2～4代，以幼虫蛀食生姜地上茎部。鲁中地区一般幼虫6月上旬开始出现，一直为害至生姜收获，而尤以7—8月份发生量大，为害重。幼虫可转株为害。

3. 防治方法

（1）人工捕捉。由于该虫钻蛀为害，一般药剂的防治效果不是很好，特别是老龄幼虫抗性较强，提倡用人工捕捉的方法，一般早晨发现田间有刚被钻蛀为害的植株，找出虫口，剥开茎秆即可发现幼虫。

（2）药剂防治。该幼虫在2龄前抗药性最强，所以应提倡治早治小，适时进行喷药防治。宜选用的药剂有15%杜邦安打悬浮剂4 000～5 000倍液，或5%氟虫腈悬浮剂3 000～4 000倍液，或20%一网打尽乳油2 000～2 500倍液，对田间植株喷雾，亦可用上述药剂注入虫口防治。

十二、姜蛆

1. 为害特征

姜蛆是生姜贮藏期的主要害虫，也能为害田间种姜，对生姜的产量和品质都有影响。该虫具有趋湿性和隐蔽性，初孵幼虫即蛀入生姜皮下取食（图4-34，图4-35）。在生姜“圆头”处取食者，则以丝网粘连虫粪，碎屑覆盖其上，幼虫藏在里面。幼虫性活泼，身体不停蠕动，头也摆动，以拉丝网。生姜受害处仅剩表皮、粗纤维及粒状虫粪，还可能引起生姜腐烂。

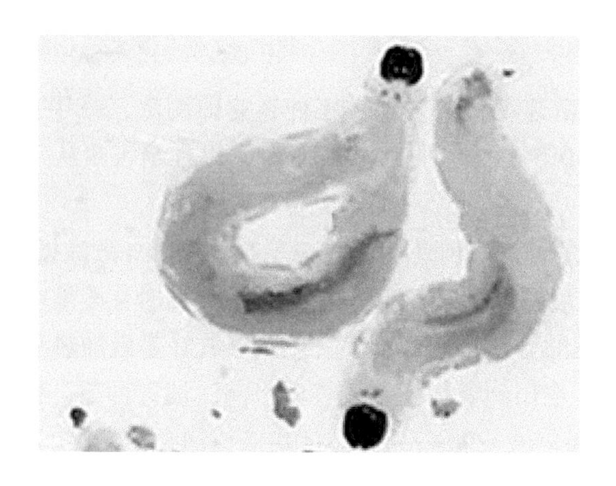

图4-34　姜蛆

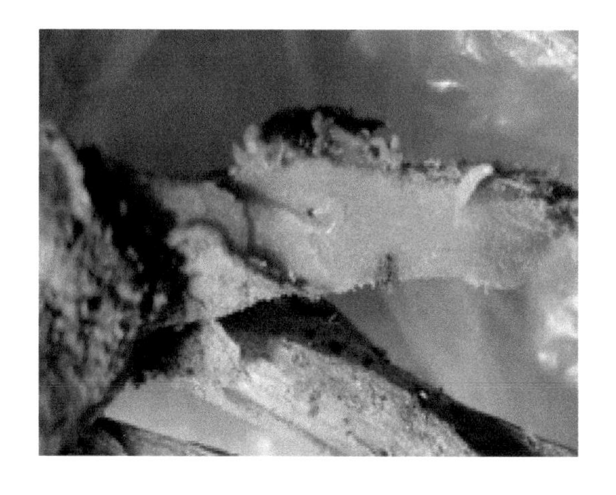

图4-35　姜蛆为害状

2. 生活习性

姜蛆对环境条件要求不严格，可周年发生。尤其到清明节气温回升时，为害加剧。

3. 防治方法

（1）精选姜种，发现被害种姜立即淘汰，或用1.80%爱福丁乳油1 000倍液浸泡种姜5～10分钟，以杜绝害虫从姜窖内传至田间。

（2）生姜入窖前要彻底清扫姜窖，用80%敌敌畏1 000倍液喷窖或90%敌百虫800倍液喷窖，也可以放姜时在姜堆中放置盛有敌敌畏原液的开口小瓶若干个，还可以放好姜后加热敌敌畏原液进行熏蒸。在田间要注意精选姜种，淘汰被害种姜，播前用80%敌敌畏1 000倍液或90%敌百虫800倍液浸泡种姜5～10分钟可以杀死姜内的害虫。

十三、姜根线虫

1. 为害特征

姜线虫（图4-36）可引发姜线虫病（俗称“癞皮病”），主要为害蔬菜的根部，植株受害后表现为生长缓慢，植株矮小，叶色变浅。随着病情的加重，叶片逐渐黄枯，严重的可引起整株枯死。扒开根部可见侧根、须根上长有许多大小不等、球形或近球形的瘤状物（根结），有的呈串珠状，有的似鸡爪状，表面生有许多须根（图4-37）。根结初为白色，质地柔软，后期变为淡褐色，表面有龟裂，常常在其他微生物的复合侵染下引起腐烂。剖开根结，可见到许多乳白色洋梨形的微小线虫。

2. 生活习性

同一般根结线虫病一样，大姜癞皮病始发期较轻，一般在大田中只有零星出现。随着连年重茬种植，葱、姜连种，线虫重复侵染，土壤中线虫基数增大，为害呈逐年加重趋势。生姜癞皮病一旦发生，如不采取措施及时防治，将会严重影响大姜品质。线虫造成的伤口，又容易被各种病原菌侵入，造成复合侵染，造成大姜严重减产。

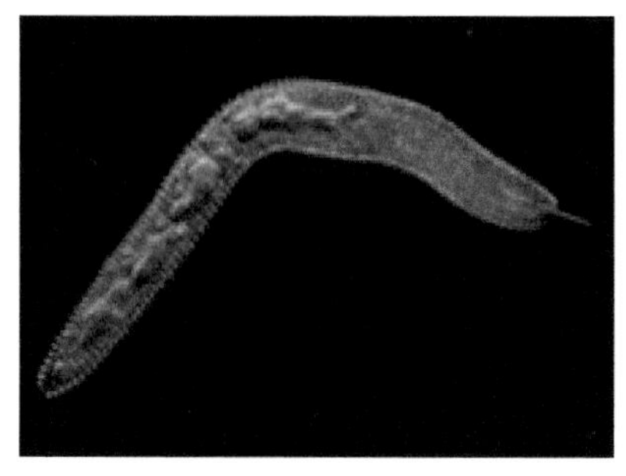

图4–36　姜线虫

图4–37　姜线虫为害状

3. 防治方法

采用1.8%～2.0%阿维菌素乳油800～1 000倍液灌根，可有效抑制线虫。全田间发病时，可亩用5%阿维菌素微乳剂0.5千克，或1.8%～2.0%阿维菌素乳油1千克，随水冲施，全生育期可使用2～3次，即可有效防治病害。

参考文献

黄道明，林惠端. 2013. 姜葱蒜芫荽节本高效栽培[M]. 广州：广东科技出版社.
刘萍. 2009. 大葱病虫害识别与防治[M]. 昆明：云南科技出版社.
苗锦山. 2015. 生姜高效栽培[M]. 北京：机械工业出版社.
商鸿生，王凤葵. 2010. 韭菜葱蒜病虫害防治技术[M]. 北京：金盾出版社.
吴海军. 2011. 生姜种植与加工技术[M]. 北京：中国农业科学技术出版社.
张全伟. 2011. 生姜栽培与病虫害防治[M]. 呼和浩特：内蒙古人民出版社.